计算机前沿技术丛书

机工IT

这就是低代码

数字化转型加速器

葡萄城／组编

宁伟　尹映辉　黄进　杨兵燕／编著

机械工业出版社

CHINA MACHINE PRESS

本书重点剖析了在数字化转型过程中展现出竞争力的低代码开发技术，从技术发展沿革、技术转型最佳实践、与技术配套的管理转型等角度，全方位展现低代码技术的创新力以及将低代码应用于数字化转型的方法论。本书分为4部分12章，内容包括低代码诞生的背景、低代码的概念与发展现状、生成式人工智能技术为低代码再提速、低代码如何提升数字化成熟度、低代码应用的七大管理挑战、建立与低代码相适应的数字化组织架构、基于低代码技术特点制定数字化战略、完成低代码技术的评估与产品选型、基于低代码重塑数字化应用交付团队、从零开始组建低代码交付团队、从外包开发到体系化赋能的系统集成商、从管理咨询到数字化转型服务的咨询公司。

本书面向具备一定的软件开发基础的读者，适合所有对低代码开发平台或对元数据模型感兴趣的软件工程师及相关从业人员阅读。

图书在版编目（CIP）数据

这就是低代码：数字化转型加速器／葡萄城组编；宁伟等编著. -- 北京：机械工业出版社，2025.6.
（计算机前沿技术丛书）. -- ISBN 978-7-111-78446-3

Ⅰ. TP311. 52

中国国家版本馆 CIP 数据核字第 2025PD0026 号

机械工业出版社（北京市百万庄大街 22 号　邮政编码 100037）
策划编辑：杨　源　　　　　　　　　责任编辑：杨　源　丁　伦
责任校对：张勤思　张慧敏　景　飞　　责任印制：常天培
河北虎彩印刷有限公司印刷
2025 年 7 月第 1 版第 1 次印刷
184mm×240mm·12.75 印张·265 千字
标准书号：ISBN 978-7-111-78446-3
定价：79.00 元

电话服务　　　　　　　　　　　网络服务
客服电话：010-88361066　　　机　工　官　网：www.cmpbook.com
　　　　　010-88379833　　　机　工　官　博：weibo.com/cmp1952
　　　　　010-68326294　　　金　书　网：www.golden-book.com
封底无防伪标均为盗版　　　机工教育服务网：www.cmpedu.com

前 言

什么是数字化

随着智能终端、传感器等设备的广泛部署应用，大量数据资源被有效采集、挖掘和利用，渗透到人类社会活动的全过程、全领域。数据要素正在驱动劳动力、资本、土地、技术、管理等要素高效利用，驱动实体经济生产主体、生产对象、生产工具和生产方式深刻变革调整。随着经济社会各领域数字化进程的持续加快，数据要素将对经济运行效率和全要素生产率跃升发挥更大作用，注入新的强劲动能。

当今世界，能否抓住数字化变革的"时间窗口"，成为决定国际竞争力的关键。世界各国都把数字化作为经济发展重点，纷纷通过出台政策、设立机构、加大投入等，加快布局大数据、人工智能等领域，抢抓发展机遇。进入 2020 年，我国经济已由高速增长阶段转向高质量发展阶段。数字技术有效牵引生产和服务体系智能化升级，促进产业链、价值链延伸拓展，融合发展、产业转型已经成为大势所趋。许多传统行业低端产能过剩与高端产品有效供给不足等矛盾仍然突出，需要进一步发挥信息技术优势，带动生产制造、供应链管理等实体经济重要领域转型升级，全面优化生产、流通、消费、进出口等各个环节，促进构建以国内大循环为主体、国内国际双循环相互促进的新发展格局。

基于以上的分析与研判，国家在"十四五"规划与 2035 年远景目标纲要中，提出"以数字化转型整体驱动生产方式变革"的目标，并明确了"深化研发设计、生产制造、经营管理、市场服务等环节的数字化应用"的创新路径，为新时期企事业单位转型升级指明了发展方向。数字化转型，势在必行！

相比于过往将现实中的操作"搬到计算机"的信息化建设，数字化转型则需要在信息化的基础上，将关注重点转移到通过引入新一代信息技术和操作技术，从操作到决策，为企业运营带来持续优化的可能。一定程度上讲，数字化转型通过技术革新驱动着商业发展。以离散制造业为例，数字化转型需要覆盖生产支持全部门、研发生产全链路、供应销售全生态，以数据互通为纲，串联起企业和供应链，典型场景如下：

- 数字化研发。
- 数字化试产。
- 数字化量产。
- 数字化设备管理。
- 数字化供应链。
- 数字化质量管理。
- 数字化仓储。
- 数字化销售。
- 数字化客户服务。

数字化转型的广度和深度远超传统意义上的信息化，需要对多个业务部门和支撑部门的工作方式、协作方式以及管理方式进行梳理和变革。变革，意味着机遇和挑战并存。如何帮助一个组织顺利完成数字化转型这场变革？变革管理专家 JohnKotter 在《领导变革》一书中汇总了变革的八个重要环节，可以帮助组织绕过变革误区走向胜利。在落地阶段最重要的是"创造一个又一个短期胜利"，在数字化转型这种周期长、专业性强、可见性不佳的变革中更是如此，只有按照这样的"节奏"，才能持续获得必要的资源以及各相关部门的支持与配合。所以，在大部分成功的项目实践中，数字化转型通常会分为两大阶段：

（1）用数字化技术"复原"业务操作，通过简化数据输入和查询操作来实现效率提升，培养数字化人才和企业数字化文化；

（2）在第一阶段的基础上，对业务操作进行创新和优化，内部应用新流程、新方法，为客户提供更有竞争力的产品和服务。

第一阶段中，组织需要在既往信息化建设的基础上，进一步拓宽广度，将各业务环节纳入数字化范畴。这里的数字化不只是实现"无纸化"，还需要替代数据质量风险高的 Excel 等文档式管理方式。值得注意的是，第一步中的"数字化"通常不涉及对流程和操作的改革，系统需要严格"照搬"现有的工作流程。但是，这种做法对于一线操作人员来说依然是个不容忽视的挑战。作为系统的最终用户，从填写纸质单据或 Word/Excel 文档切换为在系统中操作，他们需要经过一定的培训和适应。如何降低最终用户的学习成本是缩短时间周期、降低总体成本、提升用户满意度的关键。在实践项目中，成功落地的信息化系统通常需要尽可能提供贴合用户操作习惯的交互体验。

在经历了"照搬"式信息化建设后，组织的业务操作得以固化，实现了"操作留痕"的阶段性目标。这里的留痕在信息技术上就是数据。基于这些数据，组织的决策层在 IT 团队的帮助下可以对组织的运营进行量化评估，寻找和定位改善的机会，驱动业务创新落地。这就是第二阶段的工作重点。

具体而言，不论是开启新的业务，还是对现有业务的模式进行优化，都可以拆解为若干次的流程建立与反馈优化的微循环。在每次微循环中，数字化都承担了规范业务操作、采集操作数据的重任，让创新的过程可控，创新的结果可见。相比于成熟业务，创新业务的变化更快，数字化也需要更快的迭代速度才能为之提供有效支撑。成熟业务中，组织通常会制定相对宽裕的更新迭代周期，以季度或年为单位，甚至可以等到数字化系统就绪后再完成业务操作的切换升级；创新业务的更新迭代驱动因素更多，有些来自于外部市场的变化，有些则来自组织内部对外界环境以及内部流程的认知深入，这些变更通常以月甚至周为单位，如果数字化系统无法跟上这种快节奏，将无法满足业务变革的需要，甚至打击到组织决策层对组织进行数字化转型的信心。

数字化转型两个阶段对软件系统的构建提出了定制化和高效率的要求。这意味着 IT 团队和信息化服务商必须对信息化时代的技术手段进行重新审视，找到差距并提供适合自身的改进方案。在信息化时代，用来构建完整解决方案的传统技术手段有两种：集成成品软件和编码定制开发，如表 1 所示。

表 1　构建完整解决方案的传统技术手段对比表

技 术 手 段	集成成品软件	编码定制开发
定制化程度	低	高
部署的时间投入	短	长
优化迭代的时间周期	长，且不确定（依赖厂商）	长
总体成本	中	高

考虑到定制化程度和优化迭代的可控性，集成成品软件的方案通常被局限在规范性强、变革频率低、可预设模式的"稳态 IT"领域，如财务会计、办公审批等。大多数业务场景属于"敏态 IT"，需要通过定制开发的模式来完成数字化系统构建。

然而，以 Java、JavaScript 为代表的传统软件开发技术大多为大并发、大数据量的互联网服务设计，将其应用到数字化转型场景，特别是面向特定企事业单位的定制化软件开发时，普遍存在周期长、成本高等问题。以基于浏览器的 B/S 型企业核心业务系统为例，按照最简单的页面数评估法，项目开发的推进效率通常集中在 0.5~1 页面/人天的水平，这意味着包含 2000 页面的中型企业软件的开发投入将高达 100~200 人每月，即便在二线城市，人力成本投入也会超过 250 万。对于广大中小型企业或基层政府单位而言，这个成本是很有挑战的。如何平衡运行性能和开发成本，是数字化转型对软件开发技术提出的核心诉求。

新一代软件开发技术，呼之欲出。

本书将重点剖析在数字化转型过程中展现出竞争力的低代码开发技术，从技术发展沿革、技术转型最佳实践、与技术配套的管理转型等角度，全方位展现低代码技术的创新力以及将低代码应用于数字化转型的方法论。本书中的微案例及素材，源于葡萄城公司对外公布的 PPT、网站及公开课，其他相关案例源于正式的官网及相关研究与洞察。

CONTENTS **目录**

前　言

第 4 部分　低代码重构信息化服务模式

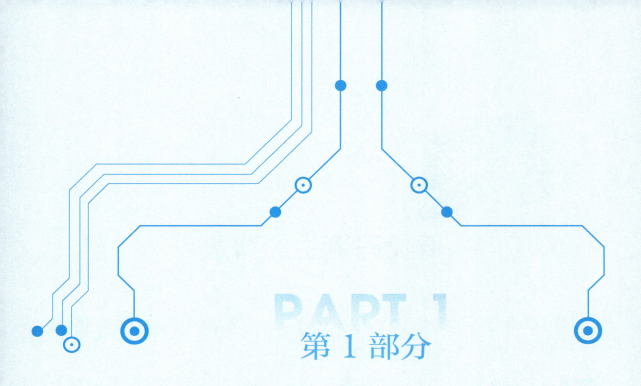

第 1 部分

成本导向与成果导向的低代码

低代码技术的全称为低代码开发技术，这个概念最早可以追溯到 2014 年 6 月 9 日，国际知名行业研究机构在报告中首次使用 low-code 一词描述通过大幅降低手工编码量来加速应用交付的企业软件开发技术。从此以后，低代码一词开始进入主流视野。

作为一项旨在提升交付速度的软件开发技术，低代码是如何诞生的，有哪些技术路线，和 AIGC 技术有什么关联？本部分将关注的重点集中在低代码的技术性，给大家一一解答。

第1章

低代码诞生的背景

低代码技术源于企业软件需求的快速扩张与软件开发人力短缺的矛盾，是成本导向原则指导下的必然产物。

1.1 从数据库到高级编程语言

众所周知，计算机诞生于 1946 年，计算机的核心部件是中央处理器（CPU）。计算机之所以能够工作，是因为人们给 CPU 输送工作指令。这里的工作指令就是机器语言，是由 0 和 1 组成的二进制字符串。机器语言可以被机器直接识别，但对人很不友好，非常烦琐也容易出错。在计算机诞生后不久，人们就发明了汇编语言。汇编语言参考了人类语言的符号，用助记符号代替二进制字符串，如用 MOV 指代"把一个内存地址上的操作数传送到另一个内存地址"的指令。程序在执行前需通过编译程序将汇编语言还原成机器语言，再输送给 CPU 执行。汇编语言比机器语言更容易理解和编写，但是它仍然高度依赖于机器语言，与 CPU 体系架构一一对应，不同的 CPU 都需要不同的汇编语言和指令集（CPU 能够识别的操作，如 SSE 指令集中用于比较字符串的 pcmpistr，无法运行在不支持 SSE 的 CPU 上）。所以，1970 年之前的开发者通常需要熟练掌握并使用与计算机硬件相匹配的指令和地址计算方式来描述参数的定义和业务的处理逻辑，才能投身软件开发行列。在早期，这些指令和地址需要通过打孔纸带的方法输入到计算机中；随着带有键盘和显示屏幕的终端机出现，开发者可通过键盘来完成指令的编辑和输入，效率有所提升但并不明显。所以，当时的开发者通常倾向于尽可能简化除核心业务逻辑之外的功能，比如最终用户的交互体验。这就使得当时绝大多数软件的最终用户也需要像开发者那样，只有在终端机上利用晦涩的指令，才能在打印机或屏幕上查看处理结果，仅是学习软件的使用就需要花费大量的时间。昂贵的计算机硬件、高昂的软件开发成本和最终用户的培训成本，严重限制了计算机的使用场景，变相压缩了对软件的需求，使得计算机主要应用于政府、研究机构和特大型企业的核心业务场景，通用性很差，绝大多数应用软件都是针对特定客户和场景的定制版。

时间进入 20 世纪 60 年代，美元危机催生了一轮"电子热"。在美国，经历了第二次世界大战后的大规模重建，钢铁和汽车这两个传统产业的发展开始减速，美国亟需寻找新的突破口来巩固自身的地位，集成电路和计算机成为政府和投资市场的新宠儿，一场电子工业革命自此启动，造就了最早的硅谷传奇，也为后续计算机及互联网革命奠定了基础。需求决定供给，如何让更多企业能受益于计算机技术，是电子工业革命的重要挑战。在这十年中，各路专家和企业进行了多种尝试，最终确定"通用型软件"的发展路线，以降低企业使用软件的成本投入为抓手，让更多企业能够用上计算机，并在使用中寻找和沉淀新的需求，孵化新技术、新应用。

在跨行业、跨国家、跨企业规模的背景下寻找企业软件的通用性，数据管理首先浮出水面，将企业管理软件抽象成数据管理软件，用数据来描述现实中的业务单据，用数据处理描述现实中的业务流转，用数据查询和分析来描述业务背后的规律与洞见。在数据管理软件通用化的进程中，来自 IBM 的 E. F. Codd 博士于 1970 年在《ACM 通讯》杂志上发表的论文《大规模共享数据银行的关系型模型》不容忽视。该论文提出了一种建立在关系模型基础上的数据库方案。该方案的特点是利用关系模型来描述现实世界中的各种真实存在或虚拟的实体以及实体间的关系，然后借助"集合代数"等数学概念和方法来处理关系模型中的数据。在该方案提出 4 年后，IBM 推出了关系数据库管理系统（Rational Database Management System，RDBMS）的原型 System R，如图 1-1 所示，并成功应用于美国普惠公司，开启了企业信息化的数据库时代。

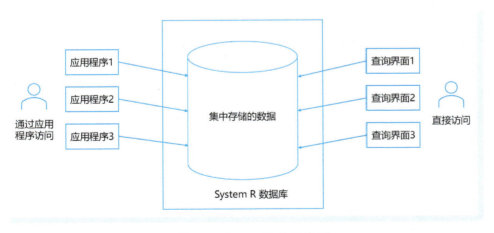

● 图 1-1　System R 的示意图

System R 数据库原型发布后，Oracle 在 1976 年推出了首款商业化的关系数据库 Multics Relational Data Store。此后数年间，IBM 的 Db2、SAP 的 Sybase 等现在耳熟能详的数据库陆续上市，进一步放大了关系数据库在企业信息化领域的优势，即使用一个通用的软件解决不同行业、不同企业的差异化需求。这个优势显著降低了对大型定制化企业软件的需求，深受企业用户的青睐。然而，这种对定制化软件市场缩减带来的"开发技术过剩"并没有持续多久，行业等来的是企业软件需求的第一次井喷。

最初，关系数据库被应用于档案管理领域，实现对纸质文档的替代。站在资料柜前手工翻查档案卡片的工作，变成了在数据库软件终端上输入自然语言，尤其是类似英语的结构化数据库查询语句（主流数据库操作语言 SQL 的前身），即可完成数据档案的创建、修改、删除以及各种维度的查询与统计工作。工作效率的提升很快吸引了企业管理层的关注。"既然数据库可以解决档案管理问题，是否能扩展到其他更复杂的领域，比如财务记账？"在这种诉求的推动下，关系数据库中使用关系模型来描述和处理复杂的业务模型的能力得到充分发挥。从财务记账到人员薪资，从库存统计到成本核算，更多的场景被发现并纳入企业信息化的范畴。然而，随着模型的扩大，最终用户直接输入 SQL 的操作体验遭遇了较大的挑战。为了进一步降低最终用户使用关系数据库的学习门槛，企业信息化行业决定在数据库的基础上"套一个壳子"，让最终用户操作壳子而不是数据库来完成数据的管理和查询。这个壳子就是基于数据库的企业应用软件。在已经趋于同质化的数据库基础上，差异化的企业应用软件为企业信息化领域带来了全新的风向。提升最终用户的使用体验，成了开发者打造自身差异化竞争力的主要手段。具体到技术层面，这些应用与数据库和更早期大型机上软件的主要差异体现在用户交互界面。在构建这些企业软件时，已经习惯了类似于自然语言的 SQL 开发语言的新一代开发者很难接受像汇编语言那样的开发体验，而且用户交互界面的开发中对性能的极限要求也不如大批量数据处理那样高，开发者需要引入新的语言来加速企业软件的构建过程。此时，诞生于 1972 年的 C 语言迅速成为主流。C 语言是贝尔实验室研发的高级语言，也是迄今为止最成功的高级语言之一。

相比于汇编语言，C 语言是更进阶融合了算术符号和英文的自然语言，如将变量 B 的值赋给 C，可直接写成 C = B；这一特征显著降低了学习的成本和接手维护其他人开发的代码的难度。更重要的是高级语言的出现，扭转了软件开发的视角，即从面向计算机硬件到面向业务逻辑。首先我们需要承认，高级语言开发出来的软件和汇编软件在成果层面几乎一致，运行效率上存在些许差距，但在绝大多数场景下都可以被忽略。

所以，高级语言一方面在用户交互界面开发领域展现出了数倍于汇编语言的生产力优势，因而得到快速普及；另一方面，部分原本运行在数据库上的业务逻辑也被转移到应用程序中，使用高级语言来完成开发。自此，高级语言+SQL 成为企业软件开发中最重要的技术方案，并沿袭至今。

1.2 高级语言编程的后续发展与思考

高级语言与人类的语言规则更接近，比如，C 语言中的 If … else …；Basic 语言中的 While … do 等。这样的语法和人类的语言表达方式基本相同。直到今天，新的语言仍然层出不穷，全球已经累计有几千种高级编程语言，学习和理解的难度逐渐降低，随之而来的，还有编程工作效率的显著提升。可以说，相比于汇编语言，高级语言的生产力已今非昔比。

然而，人们在追求更低成本的道路上不会停歇。在高级语言的基础上，如何进一步提升软件开发的效率，降低软件开发的时间和人力成本？软件开发行业做了很多有益的尝试与探索。

▶▶ 1.2.1 组件化与框架化

从软件诞生之日开始，人们就观察到不同软件中存在相当规模的代码是通用的。如何设计一种复用性机制，能让开发者减少重复编码的工作量，成为摆在行业面前的高价值课题。复用的难点在于"开放-封闭"，可复用的代码需要具备内聚性，尽量减少外界因素对其运行的影响，甚至能独立完成一些有价值的工作；还需要兼顾开放性，即提供外部调用者对其内部运行逻辑和策略进行调整和适配的能力。通常，软件开发技术领域将组件和框架视为软件开发复用性的典型落地实践。

- **组件**：组件（Components）伴随着高级语言产生，它的本质是可重复使用的代码。当一段代码可以在一个软件中使用，也能成为另外一个软件的一部分时，就可以被抽象成一个组件。组件的价值不仅仅在于提高代码的复用性、提高开发效率，通过组件化的设计，也降低了整个系统的耦合度，提高了系统的可维护性。目前组件化的开发方式非常成熟，覆盖面从文字输入等基础功能、统计函数等数据处理功能到报表等复杂应用场景。组件中涉及用户交互的部分最为常见，也被称作"控件"（Controls）。比如，开发者在前端页面中开发类似 Excel 交互体验的表格时，可以直接使用葡萄城提供的 SpreadJS 表格控件，无须从零开始编码处理表格的绘制、公式的计算以及格式化等。

- **框架**：组件让开发者可以复用代码，而框架（Framework）则通过提升软件的规范性来复用最佳实践。框架是指可被应用开发者定制的应用骨架，类似人类的骨骼系统一样，框架规定了应用的体系结构，阐明了整体设计、协作构件之间的依赖关系、责任分配和控制流程。对于开发团队，框架化的价值在于提供软件的总体架构，简化设计工作，降低对软件架构师的能力依赖，使得开发团队即使没有高水平的架构师，也可以让软件有一个很好的架构。同时，框架通过抽出非功能性需求，让开发者能更加专注于业务逻辑的实现，提升开发效率。总之，框架本身就是最佳实践的一个提炼和综合，基于专业的框架进行开发可以有效保障大型软件的处理能力、扩展性和可维护性。

复用性从量的层面提升了高级语言开发的效率，但如果需要更大幅度的优化，还需要从工程角度想办法，重构软件开发模式。

▶▶ 1.2.2　声明式开发

声明式开发与命令式开发是工程层面的概念，前者关注效果，而后者则倾向于具体的实现步骤。以大家日常用到的导航为例，声明式开发类似于告诉驾驶员"带我去西安葡萄城软件有限公司"，而命令式开发则像是"沿西落客平台左侧道路行驶，左转进入北站西路，沿高新六路向南行驶，经过科技一路路口后 10 米，目的地在右侧"。站在乘客的角度，前者显然可以将指令的数量降低超过一个数量级。

在软件开发领域，早期的高级语言编程以接近人类自然语言为设计目标，但实际执行中却依然存在较大偏差。以"从一个名为 list 的数组中查询 name 属性为 ping 的元素，并将符合条件元素的 value 属性添加到 result 数组中"这种范围明确、逻辑简单的场景为例，高级语言（Javascript）是这样开发的：

```
for (var i = 0; i <list.length ; i++) {
  if(list[i].name=="ping"){
      result.push(list[i].value);
  }
}
```

上面的代码是那些从后端编程语言转行过来的开发者中常见的写法，还有一些熟练的前端开发人员会这么写：

```
list.forEach((d)=>{if(d.name=="ping")
result.push(d.value)});
```

以上两种做法，都可以在 JavaScript 的运行中实现这个简单需求。但第二种做法"简单粗暴"地定义了这一过程的每一步，包括与需求描述本身无关的临时变量 i，以及向 result 数组中添加元素的 push、forEach 方法以及 Lamada 风格的函数表达式。所以，我们将这种开发方式称为"命令式开发"，覆盖了从 C 到 C++、C#、Java 和 Python 等几乎所有的高级编程语言。

但是，在需要长期维护的中大型企业软件开发中，这种开发方式会遭遇如下挑战，亟待新的开发方式来应对：

- **学习门槛**：开发人员需要学习和理解更多的计算机原理知识，如循环、变量等和大量的语法、类库、机制。
- **平台相关**：这些技术细节与平台高度相关，需要开发人员学习和掌握平台的特性才能开发出更高效的代码。

- **规范性**：不同开发人员对于计算机原理知识和平台特性的理解不同、逻辑思维能力也存在差异，导致不同的开发人员为相同需求编写出的代码差异很大，规范性不强，人事风险高。
- **可移植性**：当平台需要升级或更换时，大量的代码无法直接复用，带来更高的成本投入和项目风险。

在 1.1 节中，我们曾经提到过诞生于 1970 年的结构化查询语言（SQL）。以刚才的查询为例，使用 SQL 的开发者中 99% 都是这样写的：

```
SELECT value FROM list WHERE name='ping';
```

相比于命令式开发，SQL 语言屏蔽了除了需求之外的大量细节，仅需要描述出我们需要数据库实现的"效果"即可驱动计算机完成这项工作。这种面向结果而不是过程的开发方式，被称为"声明式开发"。与命令式开发相比，声明式开发最大的技术优势是通过隔离技术细节，在降低开发者学习门槛的同时，实现了更广泛的跨平台，包括同一平台的升级和兼容平台间的切换。此外，在管理层面，声明式开发还通过提升规范性来管控开发者间编码习惯的差异，降低维护成本和人事变动带来的风险。

然而，为什么高级语言没有转向 SQL 这种效率更高、成熟度更高的"声明式开发"模式？

回到 SQL 的本质，即结构化查询语言，这是一个面向数据库查询领域的专属语言，在 SELECT 等简单的关键字背后，是包含在数据库引擎中的大量上下文信息和复杂的"翻译"工作，如数据库引擎需要将 SQL 中声明的 WHERE 和等号计算符处理成针对特定字段上对应数据类型的"判等"操作，这些限制将 SQL 框定在数据查询领域。这种面向特定领域的语言，被称为领域专用语言（DSL），与 Java 等通用语言（GPL）走上了不同的道路。

对于一门开发语言来说，接受领域驱动带来的应用场景限制，就可以换来声明式开发的诸多优点；选择通用型的方向，则会被应用于更多场景。何去何从？

▶▶ 1.2.3　程序合成

同样的抉择，还出现在软件工程领域的程序合成（Program Synthesis）中，DSL 方向的归纳合成走得更远，成为声明式开发的主要技术实现方式。

程序合成（Program Synthesis）是软件工程领域的重要技术发展方向。我国第一批软件专业博士生导师徐家福教授为软件开发技术的发展指出了明确的方向，即"软件自动化是提升软件生产率的根本途径"。而软件自动化的本质是程序合成，即从根据特定的观约自动生成可运行的程序。

如图 1-2 所示，程序合成存在三个重大课题：（1）规约：以某种形式规约表达的用户意图。（2）程序：以某种程序语言表达的程序空间。（3）合成器：在程序空间中运用某种搜索技术找到符合用户意图的程序，整个程序合成领域就是围绕着这三个维度展开研究。具体落地时，其中最关键的挑战是规约很可能是模糊的、不完备的，质量难保障。

• 图 1-2　程序合成的路径与原理

在程序合成的早期，我们为了确保"规约"的质量，采用了演绎合成（Deductive Synthesis）的方式，即要求开发者用一种完整的逻辑形式规约的方式编写用户意图，然后转换为程序。这里的规约可以是"命令式开发"中的逻辑语言，这种做法可以类比于翻译工作，即将一种编程语言转译为另一种语言最终生成程序，就像开发者使用 Visual Studio 编写 C#代码，然后将其编译成 IL，最终组装成运行在 .NET 运行时上的程序，给最终用户使用；也可以是"声明式开发"中的描述语言，就像上文中介绍到的 SQL 一样，开发者编写 SQL 语言（即数据查询的规约），由数据库承担合成器的职责将 SQL 解析并执行，最终形成一个程序，给最终用户提供数据查询的能力。

不论是哪种规约，这种做法让我们获得了更高层的封装和复用，相比于针对特定平台的 C++编码，效率有所改善，但这种做法的自动化程度偏低，有很大的提升空间。

2000 年后的程序合成开启了归纳合成（Inductive Synthesis）的方式。输入不再是完整表达逻辑的形式规约，替代为用户友好的输入输出示例（I/O examples）、非完整的逻辑规约（仅表达输入输出之间的关系，不表达内部逻辑）等。从演绎合成到归纳合成，代表用户意图的规约从完整、清晰变得模糊，因此演绎推导的合成方法不再适用，我们需要使用搜索技术在有限程序空间中合成一个满足规约的程序。然而通用的高级程序语言（GPL）非常复杂，近乎是一个无限大的程序空间，这大大降低了搜索的效率。为了缩小程序空间，开发者在程序合成领域进行了大量尝试，最终，领域专用语言（DSL）方案胜出，与声明式开发实现了合流。

DSL 方案中，我们首先需要针对不同领域设计差异化的 DSL，DSL 中仅包含有当前领域的内容，在具体形式上，大部分 DSL 充分借鉴了声明式开发的设计思想，比如网页呈现领域的 HTML，还有前文中提到的数据查询领域的 SQL 都是如此。在基于 DSL 的归纳生成方案中，我们需要做的事情是基于 DSL 的特性设计出更简化的规约，并为之匹配合成器，完成从规约到 DSL 的转换。最终 DSL 将作为元数据，被程序加载和运行，实现程序合成的最终目标。

▶▶ 1.2.4　可视化编程语言

程序合成技术的落地需要新一代的人机交互方式，充分利用声明式开发的优势，帮助开发者用更高的效率完成规约的编写工作。可视化编程语言（VPL）应运而生。虽然针对不同的细分场景，可视化编程的实现方式各有不同，但大部分都采用了"演绎合成"的范式，即开发者在可视化开发环境中用 VPL 完整描述规约，合成器根据这些规约将其转译为 GPL 或 DSL，最终生成可运行的程序，如图 1-3 所示。

● 图 1-3　可视化编程语言的实现路径

通用性业务逻辑的可视化开发：最初的 VPL 主要聚焦在通用性业务逻辑的开发，包含页面交互的响应、数据校验、数据生成、数据交换、统计计算等场景。从原理上讲，基于高级语言的可视化开发本质上是代码生成器，用户采用命令式开发方法完成逻辑的构建，由 VPL 配套的专用工具将这些可视化设计的规约以演绎合成的范式直接"翻译"成通用高级语言（GPL）。在 DSL 并不够成熟或通用性较强的领域内，这种技术方案无可厚非。即便采用演绎合成，相比于传统的编码开发，可视化开发也能展现出易读性与规范性等优势。虽然这种可视化开发方式依然需要受过编程训练的专业人员来操作（如图 1-4 所示），但是考虑到企业软件中业务逻辑本身对正确性、完整性、可读性、可维护性的高要求，演绎合成范式更值得开发者信赖。

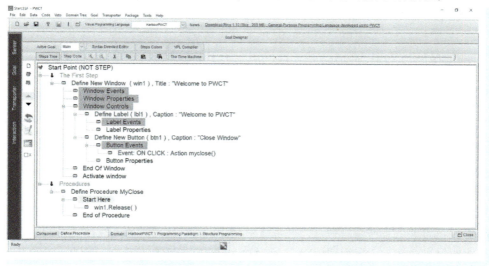

● 图 1-4　早期用来描述通用性业务逻辑的可视化编程语言

工作流的可视化开发：除了通用性业务逻辑，VPL 在企业应用中最常见的场景是单据流转、审批生单等工作流。针对这种广泛的需求，面向工作流领域的 DSL——BPMN 诞生并沉淀成为行业标准。很快，这种 DSL 被引入到可视化编程中，并成为 VPL 中影响最广的类型之一。值得一提的是，BPMN 采用了"声明式"的设计思想，与自然语言更贴近，学习门槛也显著低于高级语言（这也是大部分 DSL 相较于 GPL 的重要优势）。目前，BPMN 通常由 IT 专业人员或受过培训的非 IT 人员使用可视化开发工具，以拖拽的方式完成开发，如图 1-5 所示。需要注意的是，BPMN 专注于流程本身，一个完整的工作流或业务流还需包含各种业务策略，如根据某个数据项来自动分发给对应的审批人，或执行某个节点的操作后将处理结果回写到某系统的数据库中等，这些属于通用性业务逻辑的范畴，需要配合对应的 VPL 甚至 GPL 来实现。

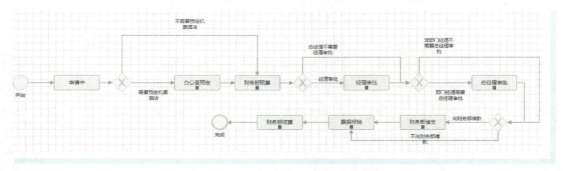

● 图 1-5　兼容 BPMN 的工作流程图

用户界面的可视化开发：用户界面的可视化开发是可视化开发的"传统领域"，该技术领域是 20 世纪 90 年代软件界最大的热点之一，是组件和框架的最早获益者之一。早期的用户界面可视化开发与通用性业务逻辑类似。VPL 的配套工具负责记录下开发者的可视化操作，如将某个按钮放在面板的某个位置，然后将其翻译成对应的 GPL，如 Visual Basic 和 Power Builder，如图 1-6 所示。这种方法通常是单向的，即可以从 VPL 生成 GPL，但很难将开发者手动修改过的 GPL 还原回 VPL，再通过可视化的方式进行后期维护和扩展开发。随着界面渲染技术的发展，用户界面的 VPL 逐渐切换到基于特定终端或跨终端的 DSL，如 Web 浏览器的 HTML、Windows 桌面应用的 xaml 等。这些 DSL 均为声明式设计思想的产物，在设计时优先考虑页面设计人员而不是开发人员的使用习惯，如将页面划分为行、列，并通过各种排列规则来完成页面元素的整体布局。这种设计对"所见即所得"式开发非常友好，学习门槛比前文中的 BPMN 更低，相比于高级语言开发所呈现出的效率优势也更明显。

随着技术的发展以及行业对开发效率的追求，VPL 已经基本覆盖了软件开发的全生命周期，以及企业软件的全模块、全流程。除了上述三种领域外，以下领域的 VPL 实践也非常值得关注。受限于篇幅，本书将不予展开：

● 图 1-6　早期用来描述用户界面的可视化编程语言

- **数据流**：可视化定义数据处理管道中各环节的操作逻辑，通常用于数据治理。
- **状态机**：定义某一个状态到下一个状态的转换策略，通常用于自动控制。
- **时间线**：定义关键帧和关键帧之间的转换效率，通常用于界面动画。

▶▶ 1.2.5　小结

在高级语言诞生后的数十年里，行业对持续提升开发效率的追求并没有停歇。其中最具代表性的技术方向有通过面向成果，而不是实现开发来降低开发技术门槛的"声明式开发"、通过提升复用性来分摊编码量的"组件化"、通过自动生成代码的方式来降低编码量的"程序合成"，以及将前两者集成的"可视化编程语言"。在过去的几十年里，这些实践从学术变成现实，大幅提升了软件的开发生产力。

这一切都在孕育着软件开发技术，尤其是企业软件开发技术领域的一次重大变革。

第2章

▶▶▶▶▶▶▶

低代码的概念与发展现状

低代码的概念提出于 2014 年，但从技术层面上看，这并不是一项全新的软件开发技术，而是上文中提到的声明式开发、程序合成以及可视化编程技术的综合体。通过组合这些技术方案，低代码实现了开发效率从量变到质变的过程。当然，低代码技术的发展历史并不长，尚处在早期发展阶段，这就导致同样称为"低代码"的技术，开发技术的实现路径与应用场景却不相同。

2.1 低代码是一个商业概念

与"程序合成"这种学术概念、"可视化编程语言"这种技术概念不同，"低代码"是一个商业概念，是对若干软件开发技术的总结与归纳。低代码的概念最早出现在发表于 2014 年 6 月的一篇行业研究报告 *New Development Platforms Emerge For Customer-Facing Applications*，作者在报告中将通过显著降低手工编码来提升应用交付效率的新平台称为"低代码"。2018 年，国际权威行研机构提出并推广 aPaaS 和 iPaaS 概念，持续的技术创新让低代码受到越来越多的关注。相关研究机构的定义引导大众形成了对低代码的基本认知，规范了发展赛道，并指出其技术特点高度契合数字化转型需求，迅速吸引了大量资本投入，极大地加强了低代码的市场活跃度。目光转到国内，中国信通院低代码无代码推进中心于 2021 年成立，首批成员涵盖了葡萄城、浪潮、致远互联、网易等头部低代码厂商。该中心在 2022 年推出了凝聚国内低代码厂商最大共识的《低代码发展白皮书（2022 年）》，提出了低代码开发平台的完整概念：低代码开发平台是指运用低代码技术将底层架构和基础设施等抽象为图形界面，以可视化设计及配置为主，少量代码为辅，提供快速搭建页面、设计数据模型、创建业务逻辑等能力，实现应用快速构建的开发平台。低代码开发平台必须具备应用全生命周期管理能力，支持设计、开发、测试、部署、迭代、运维的全生命周期管理，实现应用开发效率提升、需求快速响应、敏捷迭代更新、运营维护便捷等目标，是一站式的应用开发平台。

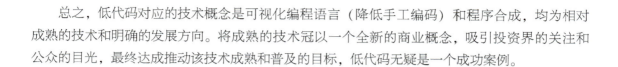

总之，低代码对应的技术概念是可视化编程语言（降低手工编码）和程序合成，均为相对成熟的技术和明确的发展方向。将成熟的技术冠以一个全新的商业概念，吸引投资界的关注和公众的目光，最终达成推动该技术成熟和普及的目标，低代码无疑是一个成功案例。

2.2 低代码的价值主张

作为一项快速发展的商业技术，低代码成功的背后是其"成果导向与成本导向"的价值主张。

▶▶ 2.2.1 成果导向的价值主张：聚焦业务目标与创新能力

低代码技术在成果导向上的核心价值在于推动业务目标的实现和创新能力的释放。

首先，低代码能够快速交付业务价值。采用传统编码开发可能需要数月甚至一年的时间才能交付的软件应用，使用低代码平台可以在几周内完成，效率提升幅度通常能超过100%。这种快速交付能力可以让信息化服务商快速响应客户的业务需求，缩短从需求提出到项目上线的时间，提升自身竞争力；也能让企业内部的数字化开发团队缩短自主开发、扩展和维护数字化应用的时间投入，提升业务部门满意度的同时，放大数字化应用的绩效表现。其次，低代码可有效支持创新试验与快速迭代。在数字化转型过程中，高频快速迭代的试验性项目是常见需求。低代码技术使企业能够以较低的成本和风险试验创新想法，并快速验证其可行性。加速从数字化技术、业务流程优化思路转化为业务价值的过程。

与"声明式开发"的指导思想类似，最终用户使用的数字化应用是业务部门和高层管理能够直接感知到的成果，也是新技术、新设计、新方案的最终呈现。相比于是否能交付出符合业务需求甚至超出业务需求的数字化应用，开发技术和工具的重要性要低很多。正是这种成果导向的思想，让行业对低代码这种新的开发技术敞开了怀抱。事实上，除了少数对开发语言有特殊要求的行业外，低代码凭借着与编码开发近似的最终成果，成功得到了数字化建设的入场券。

▶▶ 2.2.2 成本导向的价值主张：优化全生命周期总体成本

从成本导向看，低代码平台的价值更加明显，让信息化部门能够以更高性价比支持业务增长。

低代码平台能够有效降低开发成本。软件开发的主要成本是人力。而人力成本与开发周期直接相关。低代码技术帮助开发团队大幅缩短交付周期的同时，直接带来的就是人力成本的显著下降。除了开发阶段外，低代码平台还通过高效率的部署、监控和维护工具，自动处理故障恢复等复杂任务，显著减少运维的复杂度和人力投入，进一步放大软件全生命周期的总体成本优势。成本存在优势，但代价呢？

不可否认，低代码的成本优势在本质上源于对特定业务场景中代码的封装使用。这就意味着低代码在灵活性和性能上相较于编码开发存在一定劣势。比如低代码开发者在面对某些特定的页面程序样式与交互体验时，因为低代码平台缺少相应的支持而只能回退到编码开发，再集成回低代码；或面对大并发量和大数据量时，低代码平台需要明显高于编码开发的计算资源。但这两点在绝大多数企业数字化场景中并不是主要矛盾，样式和体验可以在设计层面进行规避，性能压力也不会带来太多的算力成本。因此综合计算下来，引入低代码带来的全生命周期成本降幅，远高于额外的算力成本与低代码工具采购费用。正是这种"算总账"的结果，让低代码技术在绝大多数企业数字化场景下优势尽显，得到了越来越多开发团队的青睐。

▶▶ 2.2.3　小结

数字化在绝大多数组织内都是成本中心，如何用最低的成本实现最好的效果，一直都是行业的核心需求。打破"一分钱一分货"的原始规律，我们需要引入外部性的支撑。对于数字化转型，低代码技术就是外部性。引入更高效率的低代码开发技术，多快好省地建设数字化，已成为可能。

2.3　低代码的赛道分类与典型厂商

低代码技术受益于技术发展与商业需求的双重驱动，吸引了大量软件开发技术和企业软件领域厂商入局。然而，这毕竟是一个非常小众的赛道，直到2018年。

那一年，葡萄城的低代码厂商 Outsystems 获得了 KKR 和高盛 3.6 亿美元的投资并将估值推高到 10 亿美元后，低代码这个企业软件下软件开发技术细分领域的"黑马"终于走到了台前，可以和互联网领域的新秀同场竞技。所以，2018 年被行业媒体称为低代码的"奇点"，从这一年起，低代码概念下出现了大量高估值、大投资的新闻，吸引海量厂商进入，堪称软件开发技术甚至企业软件的高光时刻。2020 年，在互联网投资的推动下，国内的低代码开始井喷。除了传统的软件开发工具厂商和新创建的低代码厂商外，ERP、OA、BI 甚至云服务厂商都推出了自己的低代码产品，开始跑马圈地。

到 2024 年年底，国内活跃的低代码厂商和产品数量已有数百个，差异化较大。行业通常将其划分为两大类，共 9 个赛道。

▶▶ 2.3.1　第一类：专业厂商

专业（dedicated）厂商指那些以软件开发工具为主业的低代码厂商，这些厂商推出的产品从运用方式到宣传运维都具有相当强的独立性，在不依赖其他软件或服务的前提下，可以独立完

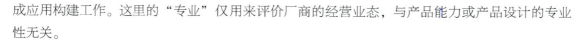

成应用构建工作。这里的"专业"仅用来评价厂商的经营业态，与产品能力或产品设计的专业性无关。

本类型的产品根据技术路线不同，可以分为两大赛道：

赛道 1　面向业务开发者的低代码开发平台（无代码）： 将数据与业务逻辑合一的表单驱动低代码，衍生于 ERP、OA 系统中广泛使用的可配置化技术，使用体验类似于成品软件的实施。从市场宣传角度看，大部分表单驱动的低代码开发平台采用了"无代码"的宣传口号（在这里我们以"无代码"代指"表单驱动的低代码平台"）。典型代表有捷德（Joget DX）、轻流。本赛道与"互联网思维"贴合度高，深受国内互联网投资机构欢迎，厂商和数量占优势，但经营持续性风险较高。

赛道 2　面向专业开发者的低代码开发平台： 数据与逻辑完全分离、各自独立的模型驱动低代码，是可视化开发技术发展的产物，体验上承袭了传统软件开发的生命周期，也被称为"狭义的低代码"。典型代表有西门子（Mendix）、Outsystems、葡萄城（活字格）、ClickPaaS。本赛道的产品研发门槛较高，商业模式对知识产权付费环境的要求高，目前以国外厂商为主，国内厂商数量较少。

值得注意的是，低代码和无代码面向不同的应用场景，不存在演化关系，也没有绝对的优劣可言。但因为低代码与无代码的差异性较大，国际主要的研究机构在研究和评估低代码与无代码技术时采取了不同的方法。中国信通院针对这两种技术分别设定了行业标准，强调了它们之间的差异。在低代码开发平台方面，模型驱动被视为基础要求。此外，针对低代码平台，区分了面向业务开发者的表单驱动平台和面向专业开发者的模型驱动平台。

▶▶ 2.3.2　第二类：非专业厂商

随着"低代码"概念在投资界的火热，大量软件和互联网厂商陆续推出低代码产品。因为这些厂商的主打业务并不是低代码，因此将其归类为 non-dedicated，即非专业厂商。这类厂商通过引入热门的低代码产品来丰富自身产品线，实现"为主要产品引流"或"扩大增值服务"的目标。相比于将低代码视为自身主要产品的专业厂商来说，非专业厂商的产品在产品功能的独立性、资源投入的长期性等方面会遭遇更多质疑。该类产品通常会选择研发门槛较低、对互联网资本更有吸引力的表单驱动技术路线，产品形态大多趋近于无代码。

本类型的产品根据厂商的主打业务不同，可以分为 7 个赛道。

赛道 1　数字流程自动化（BPM）： 以自身 BPM 方案中的工作流模块和表单模块为基础，将其扩展成为低代码平台。典型代表有炎黄盈动（AWS PaaS）、奥哲（云枢）。

赛道 2　公有云： 充分利用自身积累的资本、生态和政企关系资源，快速推出简化版的表单驱动低代码产品，以便于在低代码领域"跑马圈地"。典型代表有阿里巴巴（宜搭）、百度（爱速搭）、华为（应用魔方）、微软（Power Platform）、腾讯（微搭）。

赛道3 AI/机器学习：基于表单模式的定制化数据采集和结果展示功能打造的低代码。典型代表有第匹范式（HyperCycle）。

赛道4 BI：基于表单模式的定制化数据填报功能打造的低代码。典型代表有帆软（简道云）。

赛道5 协作管理（OA）：基于定制化工作流和数据填报功能打造的低代码。产品能力通常比无代码更多样，甚至倾向于狭义低代码。典型代表有泛微（E-Builder）。

赛道6 流程自动化机器人（RPA）：基于定制化数据填报、流程设置以及数据展示功能打造的低代码。典型代表有云扩（ViCode）、来也（流程创造者）。

赛道7 数字化运营平台（ERP）：基于二次开发解决方案打造的低代码。产品能力通常接近于狭义低代码。典型代表有博科（Yigo）、金蝶（金蝶云·苍穹）、浪潮（iGIX）、用友（YonBIP）。

2.4 低代码的典型形态与技术能力现状

站在2024年的视角，低代码的技术能力已逐步清晰，主流的低代码产品在产品能力和设计体验上也有趋同的倾向。综合各类行业研究报告，我们可以得出以下结论：

产品形态层面，低代码开发平台通常由4部分构成：

- 可视化设计器：具备可视化定义UI，工作流和数据模型的设计器，且在必要时可以支持手写代码。
- 服务器程序：承载可视化设计器构建的应用，供最终用户通过多终端访问，具体形式如私有化部署的服务程序、运行在云端的容器或服务等。
- 各种后端或服务的连接器：能够自动处理数据结构，存储和检索。有些低代码开发平台将其集成到了可视化设计器中。
- 应用程序生命周期管理器：用于在测试、暂存、构建、调试、部署和维护应用程序的自动化工具。

技术能力层面，除了具有这些基本要素以外，没有两个产品是完全相同的。有些工具作用非常有限，更类似于与数据库配套的前端界面，如20世纪90年代的FoxPro；有些工具则仅专注于小众的业务需求，如客户档案管理；甚至有一些专用工具只是用低代码的术语来描述，但与实际的应用程序开发几乎没有关系。为了与其他软件开发技术进行区分，避免对IT决策者带来误导，行研机构将低代码的概念具体化，提出了低代码开发应用范围（构建包含有用户界面、业务逻辑、工作流和数据服务的完整软件应用）。针对企业级软件开发，咨询师还提出了该领域低代码开发平台所需的必备功能，我们可以将这些功能简单理解为低代码开发平台的核心能力，可以满足企业级应用开发，并向下兼容其他企业软件场景。

- 不能仅用于或主要应用于构建特定行业的应用，不能仅限于在依赖其他解决方案或平台上运行。
- 需要能提供给 IT 技术人员使用，不能只给普通用户开发使用。
- 全生命周期：覆盖应用和相关资源的开发、版本管理、测试、部署、执行、管制、监控和管理的全生命周期。
- 内建数据存储：内建数据存储机制，不能依赖其他的数据库等存储服务。
- 数据与逻辑设计：支持用来设计数据结构和应用逻辑。
- 完整的界面设计：支持创建完整的应用界面，不能仅支持创建表单或管理界面。
- 第三方集成：支持引入第三方 API 或事件驱动机制。
- 自动运维：提供自动化的应用升级和版本管理机制。
- 多环境部署：支持针对多环境的一键部署，包括开发环境、测试环境、验证环境和生产环境。
- 社区共享：提供可供访问的应用市场，用来共享组件、模块、连接器和模板。

上述能力中最具技术挑战的是应用逻辑的可视化设计。企业应用的业务逻辑复杂度很高，如何确保可视化设计可以覆盖绝大多数场景，尽量减少编码开发的介入。主流的低代码厂商都在尝试基于可视化开发特点重新设计一种编程语言，如图 2-1 所示，在图灵完全的基础上，封装更多企业应用开发所需的技术场景（包含但不限于数据库操作、HTTP WebAPI 集成等），建立起

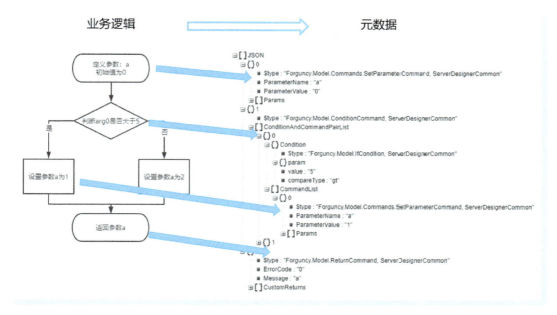

图 2-1　从业务流程到低代码平台生成的元数据

业务流程图与可视化操作之间的对应关系。一定程度上讲，业务逻辑的可视化设计能力，决定了低代码平台的应用场景广度与深度。

截至 2024 年年底，国内外主流的低代码厂商，尤其是面向专业开发者赛道的低代码产品在企业软件领域的大部分内部管理场景和少部分对外服务场景中，都做到了从 Me too（能够产出媲美编码开发的成果）到 Me better（比编码开发成本更低）。

2.5 小结

低代码最初定位于可视化编程语言、程序合成等技术概念的商业化封装。这种商业化运作为低代码乃至整个企业软件开发技术领域带来了海量的投资和资源，很大程度上推动了该技术的快速发展。随着互联网投资的进入，低代码行业分化明显，形成低代码和无代码两条主要技术路线。低代码和无代码面向不同的应用场景，不存在演化关系，也没有绝对的优劣可言。

但因为低代码与无代码的差异性较大，国际主要的研究机构在研究和评估低代码与无代码技术时采取了不同的方法。中国信通院针对这两种技术分别设定了行业标准，强调了它们之间的差异。在低代码开发平台方面，模型驱动被视为基础要求，核心能力已覆盖企业级应用开发所需，并向下兼容所有企业软件开发场景。

第3章

生成式人工智能技术为低代码再提速

▶▶▶▶▶▶

从技术和商业层面看，低代码技术的本质是将用户输入的软件需求转换为可供最终用户使用的软件，这一点与当下火热的生成式人工智能（AIGC）近似。两者之间究竟有什么区别？AIGC 与之前广泛使用的模式识别是什么关系？AIGC 能够为低代码带来哪些新的变化？

3.1 AIGC 的技术原理与发展现状

回顾历史，人工智能的概念至少可以追溯到古希腊文明的自动机，即能够自动编写文本、生成声音和播放音乐的机器。随着数学和哲学的快速发展，1956 年，达特茅斯学院组织了一场名为"人工智能夏季研究项目"的研讨会，数十位科学家，八周的讨论，建立了一个名为人工智能的学科。事实上，人工智能学科诞生以来，艺术家与计算机科学家就开始利用人工智能来创作艺术作品，典型的例子是 1970 年，哈罗德科恩创作出的用于生成绘画的人工智能程序 AARON。它能够以自己的风格产生几乎无限的独特图像。这些图像的例子已在世界各地的画廊展出。以图 3-1 为例，AARON 的艺术作品已被用作图灵测试的艺术等同物。

▶▶ 3.1.1 前身：主要应用于 toB 领域的判别模型

除了绘画，科学家希望 AIGC 能够与人类更高效地沟通，于是将关注点放到对自然语言的处理上，希望人工智能可以具备与人类直接对话的能力。随着计算机处理能力的不断提升，图像分类、语音识别、自然语言处理等领域的人工智能应用伴随着背后的深度学习技术快速发展，展现出了很强的应用前景。此阶段，人工智能通常采用了一种称为"判别模型"（Discriminative Model）的建模方式，即从现有已知类别的样本数据中训练出一个判别函数，以后再有未知类别的样本进入，就利用建立的判别函数结合判别规则来判别其类别。这种建模方式带来的 AI 也被称为模式识别法。

● 图 3-1　AARON 早期创作并驱动绘画机绘制的艺术作品

　　为了让大家了解模式识别的基础原理，我们以最常见的判别分析法（Fisher 法）为例。该方法基于方差分析的思想建立，即按类内方差尽量小，类间方差尽量大的准则来求判别函数。我们以一个高度简化的小微企业破产模型为例。判别模型的应用可以大致分为 3 个阶段：

　　（1）特征提取：基于对识别对象进行深入的分析和理解，我们可以提取出事物的典型特征，这是模式识别效率和成功率的第一重保障。比如在这个例子中，我们根据经济学和管理学的基础理论，选定 4 个经济指标作为企业的特征：总负债率（现金收益/总负债）、收益性指标（纯收入/总财产）、短期支付能力（纯流动资产/流动负债）和生产效率性指标（流动资产/纯销售额）；

　　（2）训练过程：为了建立特征与分类的对应关系，我们需要在训练阶段采集做好分类的数据，及其特征值。在这个案例中，我们对收集到的 100 个破产企业和 100 个正常运行企业进行调查，分别采集上述四个特征的数据，然后将每个企业数据样本视为一个四维的特征向量（每个指标视为一个维度）放入模型，最终生成一套人工智能算法，即四个特征分别满足某个特定条件时可判定为存在破产风险；

（3）分类过程：训练完成后，当我们需要判别一个企业的破产风险时，就可以将上述 4 个指标代入该模型进行运算，就能得到分类结果，判别该企业属于破产边缘还是正常运行。

从图 3-2 中，我们不难看出模式识别有相对完整的训练过程和分类过程，前者决定了后者的准确性。简单的理解就是训练中使用的数据越多、代表性越强，识别的效果就越好。这一定程度上给模式识别的使用者提供了更多的信心，毕竟随着人工智能的运行，更多的样本和用户反馈会被采集，将它们纳入训练中，未来的效果会越来越好。

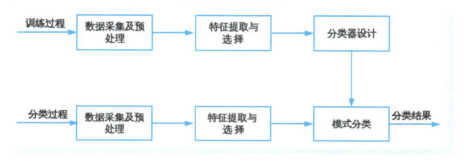

● 图 3-2　模式识别的流程图

在实际操作中，基于判别模型的模式识别通常用于寻找不同类别之间的数据差异，从而实现对图片、视频或文字信息的归类，这种做法广泛应用于公共管理和生产制造业，典型场景如下：

- 人脸识别；
- 语音指令识别；
- 水位或连通器液面读数；
- 冲压件表面缺陷检测；
- 基于视觉识别的自动化分拣。

从上述经过广泛验证的成功场景中，我们不难发现，判别模型主要应用在一些特征较少（数个到数十个）、训练样本数量较少（通常不足一万个）的场景，判别效果好，计算成本低。另一方面，模式识别对训练过程的质量依赖非常强。那些特征数量大且存在隐性变量（开发者尚未了解但影响分类的特征）的场景下，判别模型和模式识别的人工智能将很难满足人们的预期。

▶▶ 3.1.2　新秀：在 toC 领域有优势的生成模型

离开规则相对明确的工业领域，接下来我们用一个更贴近日常生活的案例，来了解一下判别模型的短板。我们的任务是识别一段语音属于哪种语言。现在一个人和人工智能说了一句话，你需要识别出他说的到底是汉语、英语还是法语。如果采用判别模型，人工智能不是像你我一样学习每一种语言，而是根据语言学的基础知识，学习这些语言之间的一些典型差别，然后分类。就像一个取巧的学生，我发现了汉语和英语等语言的发音是有差别的，我只要学会这种差别就好了。而这种简单的判别在面对非常复杂的语言或方言时，结果可想而知。出现这种问题的根本原因是语言和方言的复杂度很高，除了人为抽象出的有限数量的特征外，还有大量的指标或者特性游离在模型之外，而这些特性很大程度上对分类的结果会产生重大影响，以至于判别模型失效。为了描述这些隐藏在模型之外的重要特征，人工智能领域引入了数学中的"隐变量"概念，隐变量越多，判别模型的准确率就越低。

虽然我们可以通过不断提供更多样本优化模型，以减少隐变量来提升准确性，但是，真实世界远比工厂的生产线复杂，用有限的模型面对无限的世界，从理论上讲，我们永远无法排除隐变量的存在。因此，我们将课题转换为"如何减少隐变量的影响"，一种新的模型应运而生。回到上文的例子，新的模型就像一个认真学习的学生，花大量精力把汉语、英语和法语等都学会，这时候再有人过来对他说话，我们相信这个人工智能就可以相对准地认出这究竟是什么语言了。

如何学会一门语言？这就要回到新模型与判别模型在本质性的不同这个点上，判别模型之所以称为"判别"，是因为这种人工智能关注的是具有某个特征的事物，同时具备另一个特征的概率；而新模型则将重点放在如何识别出所有特性，以及某个特性与另一个特性的相关性概率上。这个模型在训练阶段，首先会按照特定的算法或规则自动识别输入样本中的所有特征，然后自动提取这些特征，尽最大可能减少隐变量的占比，并建立起这些特征间的概率，最后基于这些概率来完成对输入数据的分类和预测。新模型和判别模型的最大差异表现为新的模型可以自动生成特性的联合概率，所以该模型被称为生成模型（Generative Model）。生成模型对应的人工智能类型就是 AIGC，是现今人工智能的热门领域，市面上有很多相关的教程和书籍进行详细阐述，本书对生成模型的原理和流程不进行展开。

与专注于 toB 尤其是工业领域的判别模型不同，生成模型通常用于 toC 特别是内容创作领域，典型场景如下：

- 增强型翻译与信息提取；
- 基于知识库或搜索引擎的增强型搜索；
- 对话机器人形式的智能客服和教育服务；
- 文字/图片/视频创作；
- 代码片段编写；
- 2D/3D 模型设计。

此外，生成模型在生物医学领域的蛋白质功能预测和 DNA 序列研究中也有一定建树，主要承担了 DNA–蛋白质–功能间的关系模型建立等工作，就像在语言翻译工作中，识别不同语言间的近似语义（如中文的电话，和英文 phone 有近似语义）一样。

作为当今人工智能的两大技术分支，判别模型和生成模型在应用场景和技术特点上拥有较大的差异性。虽然生成模型的诞生晚于判别模型，生成模型也可以在一定程度上实现模式识别的效果，但在可预期的未来，两者间并不存在替代关系，如表 3-1 所示。按照惯例，下文中的模式识别将代指判别模型，而 AIGC 则代指生成模型。

表 3-1　判别模型和生成模型的对比

比 较 项 目	判别模型/模式识别	生成模型/AIGC
对样本规模的要求	小	大
对样本完整性和准确性的要求	高	较低
对计算资源的要求	低	很高
出现隐变量的风险	高	低
准确率（样本覆盖的场景）	高	较高
准确率（样本没有覆盖的场景）	低	较高
应用场景	一个模型仅适用于少数预设场景	更普适，一个模型能适配大多数场景
典型技术方案	决策树、回归算法、向量机	神经网络

▶▶ 3.1.3　准确性与可解释性的权衡

我们在引入人工智能，特别是 AIGC 这种新技术之前，必须要对这项技术进行评估。这种评估通常是多角度的，覆盖成本、收益和风险三个方面，其核心指标分别为综合成本、准确性和可解释性。综合成本这个指标属于泛行业的财务类指标，主要包含软硬件采购和运维成本、数据成本和人工成本，本书将不进行展开。而可解释性和准确性则是人工智能领域的评估重点，值得我们关注。

准确性：准确性衡量的是人工智能在预测或分类任务中输出内容的正确性，我们通常希望 AI 具有更高的准确性，能正确地做好预测或分类等工作。准确性是评估人工智能性能和效果的关键指标。需要特别注意的是，随着应用场景复杂性的提升，隐变量将会持续拉低人工智能的准确性，出现隐变量风险更小的生成模型通常会在高复杂度场景中展现出准确性的优势。此外，用于训练的样本数量也会对准确性带来直接的影响。

可解释性：可解释性是随着人工智能的发展而被行业关注的新概念，指人能够理解人工智能模型在其决策过程中所做出的选择，包括做出决策的原因、方法以及决策的内容。简单地说，可解释性就是把人工智能从黑盒变成了白盒。这一点非常重要，尤其是技术人员向非技术出身的决策层进行方案介绍或汇报时，可解释性往往会成为人工智能落地的非技术性障碍。人们无法理解或者解释为何人工智能算法能取得这么好的表现，也会担心它的表现在未来是否可以得到保持。具体而言，可解释性对人工智能的重要性主要源于以下几点：

（1）加速先进的人工智能技术在商业上的应用：出于安全、法律、道德伦理等方面的原因，在一些管制较多的领域场景，例如医疗、金融等，会限制无法解释的人工智能技术的使用；

（2）持续提升人工智能的准确性：对于开发者，基于可解释性，我们能够找出偏差出现的原因，从而提升模型的性能；

（3）持续提升人工智能的使用效率：对于最终用户，可解释性能帮助我们理解人工智能所做出的决策，使我们能更有效地使用模型，寻找合适的场景而非"一棍子打死"；

（4）增加对人工智能的信任度：对于决策层和最终用户，当我们知道了人工智能决策的依据之后，会更加信任人工智能所做出的决策，做到"知其然并知其所以然"。

然而，可解释性和准确性两者却存在一定的负相关性，如图3-3所示。在我们不断提升人工智能的准确性和性能的同时，往往会降低模型的可解释性，因为这两个指标往往是与算法复杂度绑定的，而越复杂的模型可解释性就越差；与之相反，在我们通过选择相对简单的模型和建模方法来确保可解释性满足要求的同时，简化带来的隐变量等问题会对准确性带来负面影响。部分行业媒体和技术文章将这一论断简化为"模式识别可解释性好，AIGC准确性高"，虽然不够严谨，但符合整体趋势。

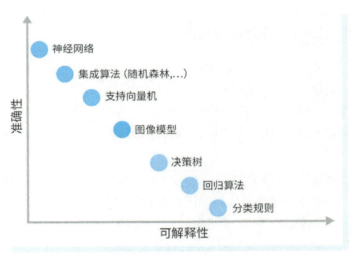

● 图 3-3 典型人工智能技术方案的可解释性与准确性

总之，在我们把人工智能技术投入应用时，必须充分考虑应用场景的特点，在准确性与可解释性中寻找一个均衡点。通常来说，对于一些高价值的、面向企业决策的、合规性要求高的、后续难以通过人工进行确认和修正的场景，我们建议选择可解释性相对较高的方案，如模式识别；

在价值较低、面向个人生活的、仅仅起到辅助作用的场景，我们则建议选择准确性更高的方案，如 AIGC。需要注意的是，随着技术的发展和整个社会对人工智能接纳程度的提升，不同场景对可解释性的要求也不尽相同。

我们需要以动态和发展的眼光看待这一问题。

3.2 企业软件正在升级为 AIGC 软件

在过去的几十年里，模式识别型人工智能已经广泛应用于工业控制、现场监控等多个企业软件领域。这类人工智能通常可以看作是企业软件的专家模块，企业软件将需要进行识别的数据发送给该模块，接收到识别的结果后基于该结果进行后续的业务操作。如门禁系统将视频流发送给人脸识别服务（如图 3-4 所示，模式识别型人工智能的典型场景，需要提前采集员工的人脸照片进行训练），该服务将视频中符合条件的人脸对应的员工 ID 返回给门禁系统，该系统就可以根据设定好的策略来决定是否释放门锁了。站在企业软件开发者的角度，引入模式识别型人工智能的工作方法与集成第三方服务，如快递单查询、微信支付、ERP 生成会计凭证没有本质差异，按照文档对接即可，这里并不进行展开介绍。

• 图 3-4　在门禁系统中整合人脸识别服务的效果图

而 AIGC 的引入则相对复杂，因为该技术既可以像模式识别那样为最终用户提供新的功能和体验，还能用来优化软件开发的过程。在了解过 AIGC 的技术原理、准确性和可解释性等特点后，我们就可以基于当前的现状，讨论该如何将这项技术投入到企业软件开发领域了。

▶▶ 3.2.1　站在人类视角的企业软件分层

相比于通过提升复用性、引入程序合成与可视化开发技术来提升开发效率的技术路线，AIGC 足以从根源上重塑软件开发的方法论，重新定义了软件创作过程以及该过程中开发者的作用。所以，我们需要从更高层面审视企业软件，才能找到 AIGC 对企业软件的总体影响。

数据科学家克里斯托夫·莫尔纳在 *Interpretable Machine Learning* 一书中创造性地引入了一个将开发者构建的传统软件与人工智能进行整合的软件系统分层模型，揭示了软件系统、物理世界和人之间的关系。该模型对软件系统的概念进行了泛化，让软件不再拘泥于运行在计算机上的二进制程序，而是将软件和人工智能一样视为人和世界交互的一个通道。这将可以帮助我们从更高层次，站在人类视角审视 AIGC 与传统软件的关系，以及 AIGC 与软件开发的关系。

该模型将软件系统分为 5 层，如图 3-5 所示：

（1）最底层，世界层（World），这一层可以是自然界中存在的事物，例如人体的生物学及其对药物的反应方式，还可以是证券市场等抽象的事物。世界层包含我们可以直接或间接观察到的所有事物。

（2）第二层，数据层（Data）。我们必须将世界进行数字化，使其可以被计算机处理、存储和展示。这里的数据不只是数字和文本，还包含图像、视频、组织好的表格数据等。

（3）第三层，黑盒模型层（BlackBox Model）。这一层是面向开发者或专业人士的。对于传统的软件，这一层包含的是开发者基于数据层构建的业务逻辑，即源代码或元数据（元数据指的是用来描述数据的数据，如用来描述 Web 页面呈现的 HTML，虽然不能直接执行，但可以驱动像浏览器渲染引擎那种第三方程序实现业务需求）；对于人工智能来说，这一层则是通过对数据层进行建模、训练、拟合而得到算法，即人工智能的模型。不论哪种方式，不论是人还是人工智能，都需要这一层来完成对现实世界中数据的学习和描述。

（4）第四层，可解释性方法层（Interpretability Methods）。这一层是面向最终用户或相关人员的。该层的作用在于帮助用户理解软件系统的实现方式。对于传统的软件，这一层主要表现为技术文档和各类帮助手册；人工智能则需要根据用户对可解释性的要求，提供不同形式的可解释性证明文档，如测试报告等。

（5）最上层，人类（Human）层。人类是所有软件系统和人工智能的最终使用者。这一层需要用最高效的方式与人类完成交互，接受人类的指令，向人类展示必要的信息。不论是对话式机器人的聊天会话，还是工业设备上的应急按钮或状态指示灯，都是人类眼中软件系统的样子。

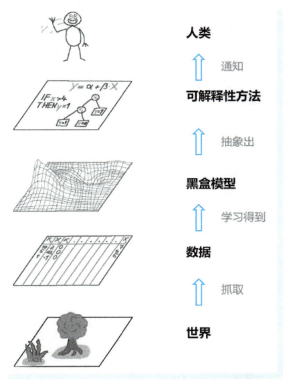

图 3-5　克里斯托夫·莫尔纳提出的分层模型

▶▶ 3.2.2　全新物种：AIGC 软件

进入 21 世纪 20 年代后，一种全新的软件系统——AIGC 软件诞生并崭露头角，吸引了全世界的目光。这种系统可以在某个模块或整体，实现几乎可以在没有人参与的情况下独立完成从世界层到人类层的全链路，即 AIGC 自行触达世界，自行将事物抽象为计算机数据，自行完成业务逻辑建模，自行提供可解释性文档，并最终与人类完成交互。

以现象级的 AIGC 服务 OpenAI 推出的 ChatGPT 为例，该系统自行抓取搜索引擎和各种媒体、自媒体上刊载的含有各种知识和经验描述的人类自然语言（世界层）；请人类对部分质量不高的内容做辅助标注后，成为海量的语料数据（数据层）；再利用大语言模型技术分析这些标注后的数据，完成生成式模型的建模工作（黑盒模型层）；最后通过自然语言对话应答的形式，向人类提供内容创作、知识问答等服务。缺失的可解释方法层则使用全球顶级的品牌效应和资本市场背书来替代。人类除了参与语料标注外，还可以通过调整参数的方式对 AIGC 进行微调，以满足用户反馈的改进要求。

在 ChatGPT 大获成功后，AIGC 也像上文中讲到的低代码一样迎来井喷式发展，短短几年内涌现出了大量 AIGC 软件。为了建立对 AIGC 软件的全局认知，我们根据 AIGC 功能在软件中的形态不同，将目前主流的 AIGC 软件分为两大类：AI 厂商提供的通用型独立问答服务，如百度推出的文心一言；和企业软件服务商基于 AI 厂商的技术平台整合行业软件知识所构建出的行业型嵌入式辅助创作服务，如微软基于 OpenAI 的技术为 Microsoft Office 打造的 Microsoft Copilot 助手。前者的形态趋近于互联网服务，以 toC 市场为主，展示自身技术能力为辅；后者则更倾向于将传统软件服务中的内容创作功能或模块作为抓手，把 AIGC 与软件服务、行业知识库相结合，为用户提供更强大的辅助创作功能和体验。具体对比见表 3-2。

表 3-2　AIGC 软件的两大分类对比

对 比 项 目	通用型独立问答服务	行业型嵌入式辅助创作服务
提供商画像	AI 厂商或有 AI 研发能力的互联网服务商	企业软件服务商或互联网服务商
用户画像	toC	toB 兼顾 toC
应用场景	不限场景	传统软件中的内容创作场景
典型体验	独立的问答会话	嵌入传统软件
典型产品	文心一言	Microsoft Copilot
AI 技术来源	自研	外购，少量采用并购或自研
团队能力要求-开发岗	深度学习类开发人员，技术要求高	集成类开发人员，技术要求较低
团队能力要求-调参岗	须了解模型的技术细节和参数定义，技术要求较低	须了解模型的技术细节和参数定义，技术要求较低
团队能力要求-标注岗	仅需具备语言知识和通识，通常选择外包	需具备行业知识

对于企业软件服务商来说，AIGC 软件的本质是具有 AIGC 功能的软件，具体开发方式上也是集成 AIGC 模块，将用户输入的信息以自然语言、图片或视频等形式传递给 AIGC 服务，然后将 AIGC 返回的内容进行处理，最终展现在内容创作界面中。以活字格低代码开发平台的 AI 助手为例，用户通过文字的形式向 AI 助手描述需要创建的数据模型属于什么场景、需要具备什么特征，AI 助手会调用服务器端的 AIGC 服务，基于语义分析、行业知识和该低代码平台的元数据规范，生成 JSON 格式的处理结果，该结果中包含了需要创建的数据表、列和关联关系等信息；AI 助手接收到这些信息后，将其转换为低代码平台的元数据，并自动完成数据表和模型的创建工作，如图 3-6 所示。对于活字格低代码开发平台的开发者来说，需要做的只是调用 AIGC 服务（需提前为其提供行业知识和平台的元数据规范进行训练）。从这个层面上看，整合 AIGC 与整合模式识别没有太大的差别。

● 图 3-6　融入 AIGC 的活字格低代码平台，在会话中直接执行内容生成

目前，大量企业软件已经通过整合 AIGC 的方式转型成为 AIGC 软件，以内容创作为抓手，为人们提供各类参考和建议。此类应用场景满足上文中提到的"仅起到辅助作用"场景特点，对可解释性的要求低，甚至无须出具测试报告，仅靠资本背书和品牌就可让大多数企业用户接受它们。毕竟，最终 AIGC 生成的内容仅作为对员工的辅助和参考，最终提交的工作产物还需要人工确认。

3.3　AIGC 正在进一步提升低代码开发效率

上文中我们看到了 AIGC 在内容创作领域为用户带来的价值和落地方式，如果我们将视角切换为本书重点讨论的软件开发技术，对于开发工具提供商来说，软件开发本身也是一项内容创作工作，AIGC 技术一定能在其中发挥出更大的价值。接下来，我们将回到莫尔纳的五层模型，结合低代码与可视化开发的技术原理，探讨 AIGC 将如何改善这些层次的工作，为企业软件开发技术，特别是低代码开发带来什么样的改变。

需要注意的是，本节的内容是基于 2024 年主流低代码开发平台在 AIGC 融合领域的探索进行推演得出的预测，典型流程如图 3-7 所示。和 AIGC 低代码开发平台的实际能力和技术方案可能会存在出入，但可以确定的是，AIGC 并不会对低代码开发的工作流程和方法论带来颠覆性变化，而是承担起开发者"僚机"的职责，根据开发者提供的文字或图像资料，量身定做一些符合自身需求的模板，进一步加速企业软件的开发与交付过程。

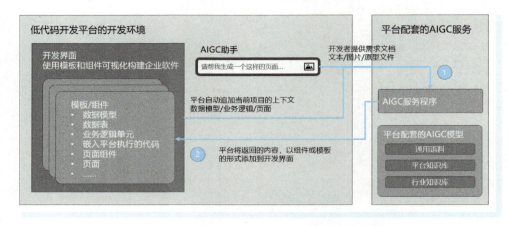

● 图 3-7　AIGC 低代码开发平台的典型流程

▶▶ 3.3.1　自动化数据建模（数据层）

企业软件的数据建模集中在构建关系型数据库上，低代码平台通常采用将用户的设计操作"翻译"成用来描述数据结构的 SQL 语言的方式完成数据建模。这一过程的本质是将现实世界的概念转换为结构化数据库中的概念，如将表单、记录转换为数据库中的表，将特征、属性转换为表中的字段。这个转换过程需要开发者同时具备三种能力：对当前要处理的业务问题有深层次的理解，要知其所以然；对关系型数据库、数据类型和数据库设计范式有一定的理解；还需要具备转换过程所需的抽象、拆解、合并、归类、汇总等逻辑思维能力。

这就导致了没有接受过专业训练的开发者，很难独立完成对业务问题的全面分析，然后用关系型数据库来描述该问题中涉及的数据。在引入 AIGC 之前，数据建模是低代码开发中最大的学习门槛。

AIGC 的引入，一定程度上可以帮助开发者解决三种能力的后两者，完成从整理好的需求文档到 SQL 语言的转换。如开发者在低代码开发工具中上传一张纸质的销售订单照片，然后用自然语言说明希望建立存储该订单数据的模型；AIGC 会根据该照片和必要的行业知识自动分析并得出需要创建的表，如订单表、订单子表、商品表、客户表、客户联系人表，并为这些表创建关联，以可视化的方式将自动生成的数据模型展示给开发者，并提示开发者需要确认的重点内容；在开发者确认无误后，低代码开发工具就可以基于上述内容将数据模型转换为 SQL 语句并添加到项目中，完成数据建模的过程。

▶▶ 3.3.2　自动化生成业务逻辑（黑盒模型层）

在数据模型的基础上，低代码平台的开发者还需要将业务需求转换为计算逻辑，最终体现在对数据模型中某条或某几条数据的操作上。相比于数据建模，业务逻辑开发工作的技术门槛较低，能理解计算机的流程控制（条件、循环等）、变量、数据类型等基本概念，有一定的逻辑思维能力就可以胜任。但这一环节的工作涉及的内容众多，以上文中提到的订单为例，开发者需要完成创建订单、审核订单、撤销审核订单、调整订单、作废订单、删除订单、查询特定客户的订单、查询特定单号的订单、汇总特定客户的订单总金额、汇总特定商品的订单数量等业务逻辑的构建工作。而且，受限于对业务需求本身的理解，这些业务逻辑在开发、测试和维护过程中还有可能需要多次调整。应用场景的价值越高、离核心业务越近，业务逻辑开发的人力投入也就越高。很多低代码开发者将这部分称为"体力活"，也就不难理解了。

引入 AIGC 后，开发者在从最终用户处采集到需求的细节后，将其划分成业务逻辑单元（如前端点击按钮后的处理，或后端的 Web 服务），然后在低代码开发工具中创建该单元时，上传经过整理的业务需求描述或处理策略的文档，AIGC 则会结合当前低代码项目中的数据模型生成业务逻辑，像数据建模一样以可视化的流程图或树形结构的形式展示给开发者确认；在开发者确认无误后，低代码开发工具将其转换为业务逻辑单元或模板添加到当前项目，完成业务逻辑的开发过程。此外，如果开发者需要通过编写代码来实现功能扩展或性能优化时，也可以在低代码开发工具中直接向 AIGC 描述具体的要求，由 AIGC 生成对应的代码片段，并插入到低代码项目中。

▶▶ 3.3.3　自动生成技术文档（可解释性方法层）

低代码开发出的软件一样需要配套必要的设计文档、测试报告和使用说明书来满足最终用户对可解释性的要求。在企业软件中，这些文档工作在整个项目中的占比并不高，但无法通过低代码技术来提升效率，这在一定程度上导致了文档工作在低代码项目中占比更高的现状。

文档生成是 AIGC 技术的优势场景，与低代码开发平台融合后，AIGC 可以自行读取和分析低代码项目中的各类元数据，包括数据库结构、业务逻辑和页面交互，自动生成数据库结构说明书、后端 Web 服务调用说明书等技术文档；还能生成自动测试脚本，调用自动测试工具完成测试工作后整理形成测试报告。此外，AIGC 还能帮助我们润色和整理使用说明书，为最终用户提供更出色的用户体验。

▶▶ 3.3.4　增强型人机交互界面（人类层）

"颜值也是生产力"，出色的用户交互体验和美观的界面设计会为企业软件加分不少。所以，低代码开发平台在用户交互界面的可视化开发领域投入了很大的精力，涌现出了一大批有创新、有效果、有效率的页面可视化开发解决方案。这些方案通常包含有复杂的布局系统、丰富的页面元素组件、灵活的样式配置等，对于开发者来说，界面开发的学习时间投入较大，开发效率也较业务逻辑开发更低一些。更重要的是，对于那些对界面美观度要求很高的企业软件，比如面向最终用户的客服系统或供应链系统，低代码开发团队也会参考传统开发团队，投入专业设计师力量来完成页面高保真原型设计，低代码开发者需要在低代码开发工具中 1∶1 复刻这些原型设计图，进一步放大了人机交互层开发成本。在部分项目中，这部分能占到整个项目的 2/3 甚至更高。

为了进一步提升人机交互开发，尤其是界面设计的开发效率，低代码平台引入 AIGC 完成从手绘草图到高保真原型向低代码元数据的转化。开发者在低代码平台中创建页面时，向 AIGC 提供手绘草图、低保真线框图、高保真原型图或可交互原型文件（如使用 Axure 等第三方工具设计的原型项目）等设计资料，AIGC 完成解析后，使用低代码平台的布局、组件和样式完成对这些设计的还原，并最终以页面、组件或模板的形式呈现在低代码的设计界面中，让开发者继续完成后续的业务逻辑开发工作。

3.4　小结

从判别模型到生成模型，人工智能技术在改变社会生产方式的同时，也为软件开发技术提供了新的发展方向。不论是将 AIGC 整合进软件开发工具中，帮助开发者提升软件开发效率，还是将判别式 AI 或 AIGC 作为企业软件的技术底座，为最终用户提供更具智能化的使用体验，AI 都是值得开发者高度重视的技术创新。

我们相信，低代码必将与 AIGC 深度融合，在可视化编程技术的基础上进一步提升开发效率，革新开发模式，从成果到成本，全面释放生产力优势。

3.5　第 1 部分总结

在第 1 部分中，我们首先回顾了低代码技术（即可视化开发技术）的诞生背景、定义、价值主张和国内外发展现状，重点了解声明式开发、程序合成等可视化编程的前序技术，校准了低代码在企业软件开发领域的定位；接下来简单学习了当前主流的 AIGC（生成式人工智能）技术，展望了 AIGC 技术与低代码融合的发展方向。

回顾低代码技术的诞生和发展，我们不难看到其背后的价值主张与软件开发技术的方向一脉相承，那就是成果导向和成本导向，我们认为这一点是让这项技术在企业软件开发领域大放异彩的本质原因。

从下一章开始，我们将会深入企业数字化实践，从方法论到实践经验，开启低代码之旅。

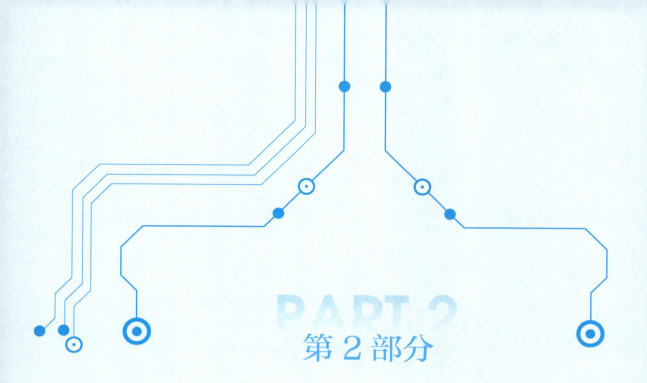

第 2 部分

低代码的应用价值与落地挑战

在过去十几年中，随着数字化技术的快速发展，大多数企事业单位已经建立了若干可用的数字化系统。这些系统通常基于各部门或团队即时性需求而开发，在一定程度上支撑了当时业务的发展。然而，由于系统开发的时间和背景不尽相同，各个系统之间往往存在数据不一致、流程衔接不顺畅等问题，此外，还有不少业务板块尚未纳入信息化系统的覆盖范围。这导致企业内部的运营分析常常面临数据不及时、不准确、不全面等困境，管理层也很难从数据分析中获得有力的决策支持，影响了其决策的有效性和企业对市场变化的响应速度。

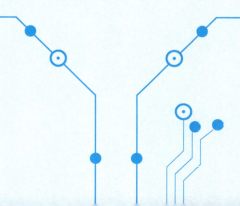

同时，伴随着市场环境的快速变化和日益激烈的竞争，企业面临着更多的不确定性和挑战。这也对企业的信息化、数字化建设提出了更高的要求。企业不仅需要提高内部运营效率、降低成本，更需要通过数字化手段洞察市场动向、把握客户需求、开拓新的业务模式和收入来源。然而，系统割裂、数据孤岛等问题限制了企业内部跨部门协作的效率，削弱了组织的整体竞争力。在内外部环境的双重压力下，企业需要不断提升自身的数字化成熟度，以更好地应对当前的挑战，把握未来的机遇。而低代码技术的出现，为加速企业数字化进程提供了一种创新的解决方案。低代码技术通过可视化开发、组件化复用等方式大大简化了应用开发的流程，有效降低技术门槛、减少对开发人员工作量的依赖。引入低代码技术，企业可以更快地实现应用构建、系统集成、数据统一和流程优化，全面提升数字化成熟度，为后续发展打下坚实基础。

第4章

低代码如何提升数字化成熟度

"成熟度"是管理学中用于评估研究对象发展水平的重要概念和工具。它最初指研究对象（组织或个人）在某一领域的熟练程度，后来逐步演变为衡量研究对象与其理想状态之间相对位置的标尺。成熟度的内涵可以从两个维度来理解：第一，确定研究对象在特定领域的理想发展状态或基于当前认知的相对完美状态；第二，评估研究对象的现有状态，并衡量其与理想状态之间的差距。通过对这两个维度的综合分析，我们可以得出研究对象在某一领域的成熟度水平。为了便于量化评估和持续跟踪，成熟度通常以百分比或等级的形式来表示。

成熟度评估的价值在于，它为组织的管理者提供了一个清晰的视角来审视研究对象的发展现状。通过成熟度评估，管理者可以全面诊断研究对象在某一领域的优势和短板，找出影响其进一步发展的瓶颈和障碍。在此基础上，管理者可以有针对性地制定改进策略和行动方案，分阶段、分步骤地推动研究对象不断迈向更高的发展目标，最终实现从量变到质变的突破。

4.1 成熟度是衡量数字化水平的核心标准

20世纪90年代，互联网技术开始商业化应用，数字化转型逐渐成为企业谋求发展的重要路径。然而，企业在数字化实践中大多面临战略不清晰、业务流程难以匹配、数字技术应用率不高等诸多挑战，导致数字化转型效果难以评估，后续优化方向不明确。在此背景下，企业数字化成熟度的概念应运而生。

1997年，美国卡梅隆大学软件工程研究所（SEI）在其提出的能力成熟度模型（CMM）中，首次将成熟度的概念引入到软件开发流程的评估中。此后，成熟度模型在IT管理领域得到广泛应用和发展，并逐步扩展到IT之外的其他管理领域。

2011年，美国IT研究与顾问咨询公司提出了数字化成熟度模型（Digital Maturity Model），标志着成熟度模型的概念正式进入企业数字化转型的研究视野。数字化成熟度模型从战略、组织、文化、技术、运营 5 个维度对企业数字化能力进行综合评估，并将数字化成熟度划分为 6 个等级，自低向高分别为无认知型、有认知型、被动响应型、积极主动型、管理型、高效型。这一模型为后续企业数字化成熟度研究奠定了重要基础。

2015 年，麻省理工学院和凯捷公司联合发布了一项全球范围内的数字化转型研究报告，提出了数字化成熟度指数（DigitalMatuity Index）的概念。该指数从客户体验、运营流程、业务模式三个维度对企业数字化成熟度进行了量化评估，使得企业数字化成熟度的测评更加全面和精准。

近年来，随着数字化转型在全球范围内的不断深入，企业数字化成熟度的研究也日趋丰富和成熟。各大咨询公司纷纷推出了自己的数字化成熟度模型，如麦肯锡的数字化商业成熟度指数、埃森哲的数字化加速指标、IDC 的数字化转型成熟度模型、德勤的数字化成熟度模型、普华永道的数字化成熟度评估框架等。这些模型在评估维度、评测指标、成熟度划分等方面各有侧重，但都致力于帮助企业全面诊断数字化能力，明确转型方向和路径。例如，德勤的数字化成熟度模型聚焦客户、战略、技术、运营、组织与文化五大领域，如图 4-1 所示，提供全方位的数字化能力成熟度诊断，帮助企业落地数字化转型举措；普华永道的数字化成熟度评估框架从数字化战略引领、业务应用结果、技术支撑、数据支撑、组织支撑以及数字化变革 6 个维度对企业数字化成熟度进行评估，将企业数字化转型所处的阶段分为在线化、集成化、数字化、智能化 4 个阶段。

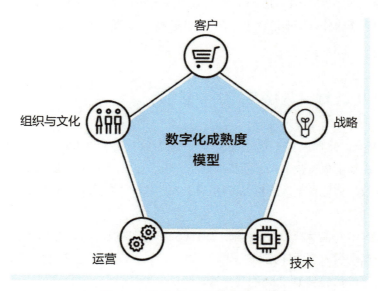

图 4-1　德勤的数字化成熟度模型

相比之下，国内针对数字化转型成熟度的研究起步相对较晚，但近年来的发展十分迅速，取得了丰富的理论和实践成果。围绕数字化转型这一主题，中关村信息科技和实体经济融合发展联盟（简称"中信联"）构建了一套内容丰富、逻辑严谨的理论及实践成果，包含数字化转型参考架构、价值效益参考模型、新型能力体系建设指南、成熟度模型以及配套的研究报告，如图 4-2 所示。其中，成熟度模型是评估企业数字化转型水平的重要工具。该模型从战略、文化、组织等维度设计了一套科学的评估体系，将企业数字化转型分为规范级、场景级、领域级、平台级和生态级 5 个阶段，并从广度和深度两方面综合考虑，帮助企业客观审视自身转型现状，找准未来提升方向。

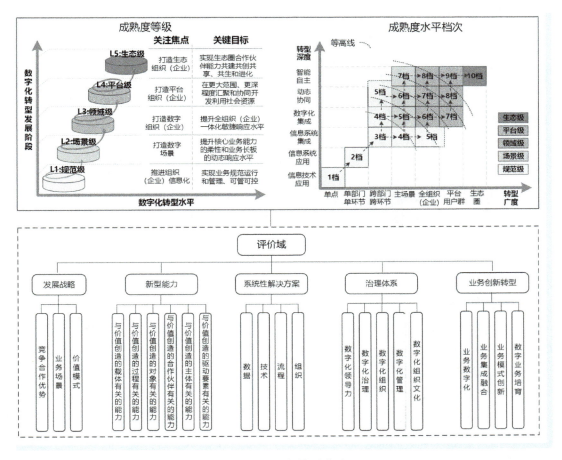

● 图 4-2　中信联的数字化转型成熟度模型构成，T/AIITRE 10004—2023

考虑到制造业在智能制造方面的特殊需求，工业和信息化部装备工业司启动了智能制造标准化专项，并发布了智能制造能力成熟度模型。该模型结合我国智能制造的特点和企业的实践经验，给出了组织实施智能制造要达到的阶段目标和演进路径，提出了实现智能制造的核心要素、特征和要求。模型将智能制造企业数字化转型成熟度分为规划级、规范级、集成级、优化级、引领级 5 个等级，覆盖设计、生产、物流、销售、服务、资源要素、互联互通、系统集成、信息融合、新兴业态 10 大类核心能力，引导制造企业基于现状合理制定目标，有规划、分步骤地实施智能制造工程，如图 4-3 所示。截至 2024 年 9 月，已经有 824 家企业通过了智能制造能力成熟度等级评估。其中，规划级 72 家、规范级 419 家、集成级 272 家，优化级 61 家。这一数据客观地反映了我国制造企业积极探索智能制造实践，稳步提升智能制造水平的发展现状。

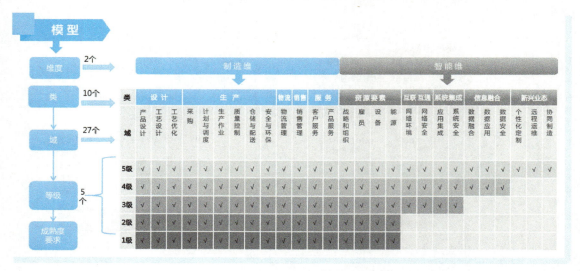

图 4-3　中国电子技术标准化研究院智能制造能力成熟度模型

与制造业聚焦智能制造的成熟度模型不同，中国信息通信研究院云计算与大数据研究所（云大所）从数字化基础设施运营的角度，提出了企业数字化基础设施运营成熟度模型（IOMM），该模型包括两大领域、四大象限、六大能力、六大价值，用以全面评估企业数字化转型过程中的基础设施建设水平。

除了关注整体进展和基础设施之外，评估企业自身的数字化管理能力也是数字化转型过程中不可或缺的一环。在这方面，我国在数据管理领域首个正式发布的国家标准——数据管理能力成熟度模型（Data Management Capability Maturity Model，DCMM）为企业提供了一个全面的评估框架，如图 4-4 所示。DCMM 聚焦企业的数据管理和应用能力，从数据战略、治理、架构、应用、标准、安全等多个维度，全面评估企业的数字化管理成熟度，并将成熟度划分为初始级、受管理级、稳健级、量化管理级和优化级 5 个等级，为企业明确了数字化转型的阶段目标和关键举措。

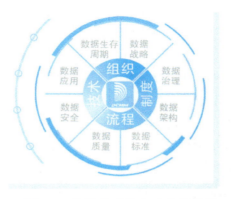

● 图 4-4　数据管理能力成熟度模型

　　面对纷繁复杂的数字化转型挑战，成熟度模型为企业提供了一套科学系统的方法论，帮助企业厘清转型的关键环节和演进路径，从而制定出切实可行的转型规划。但市场上存在多种数字化成熟度评估模型，各有侧重。企业需要根据自身行业的特性、发展阶段和转型诉求，选择最适合自己的成熟度模型，并以此为指导，有的放矢地实施数字化转型战略。

　　同时，数字化成熟度已经成为企业核心竞争力的重要体现。很多成熟度较高的企业不仅数字化能力突出，而且其先进的管理理念、规范的组织流程、创新的商业模式也为行业树立了标杆，成为客户和合作伙伴信赖的对象。可见，选择合适的成熟度模型，准确评估数字化能力，已经成为企业推进数字化转型、赢得市场竞争优势的关键要素。

4.2　业务视角，低代码与企业数字化转型成熟度

　　企业数字化转型的本质是以数据和数字化技术为驱动力，对企业整体价值链和具体业务流程进行重构的过程，它覆盖了企业价值构建到具体业务场景的各个层面。尽管数字化转型是一个相对比较新的概念，但它实际上是企业在长期技术演进中的自然发展阶段。从手工操作到机械化、自动化、电气化，再到计算机技术的广泛应用，企业能力也在不断迭代升级，企业的数字化水平也从基础的信息化阶段逐步迈向互联网阶段、数字化阶段、再到智能化阶段。从广义的角度来看，数字化本身也是一种生产力工具，因此其设计和应用也是由人类智能所决定的，这表明技术在很大程度上是由其设计理念和需求场景所引导的。因此，对于数字化转型来说，关键在于识别和创造应用场景。而正是这些场景构成了企业数字化转型的基石，不仅是技术应用的载体，也是推动商业模式转型升级的关键动力。

　　数字化应用场景通常展现出以下三个特征：

首先，场景具备可被数字化的能力。场景的高度可数字化确保了其能够通过先进的数字技术进行精确捕捉和再现。这一特性使得场景内的各个元素、流程和交互得以数据化，为深入的数据分析和智能化决策提供了坚实的基础。

其次，场景所涉及环节能够被模块化或单元化。场景的模块化和单元化意味着涉及的每个环节都可以拆分和细化，能够独立地存在，并承载着明确的价值和传递路径，且这些模块或单元相互连接就能够形成一个完整的价值闭环。

最后，所有的数字化应用场景都与组织及业务的发展紧密相连，并能够形成互动。一个有价值的数字化应用场景本质上是由人、货、场构成的闭环系统。无论是线上化还是线下化，场景都必须有人员和组织的参与。通过有效的交互和不断的优化，数字化转型工作才能实现价值的有效转化和提升。

以制造业为例，工信部在 2022 年印发的《中小企业数字化转型指南》针对制造业中小企业特点，明确了数字化转型方向和具体实施路径，并将企业业务场景细分为数字化基础、数字化经营、数字化管理和数字化成效 4 个主要维度。借助《制造业中小企业数字化水平评测表》，这些维度得以进一步细化，进而以此对企业数字化转型进程进行全方位评估。

以生产管控为例，企业数字化水平可具体细化为生产计划、生产监控、生产作业、质量控制、仓储物流、设备管理、安全生产管理、环保管理和能源管理等多个关键环节。通过系统性整合这些数字化应用场景，企业可实现更高效的生产管控和经营管理，全面提升生产效率和业务绩效。更多场景可参见图 4-5。

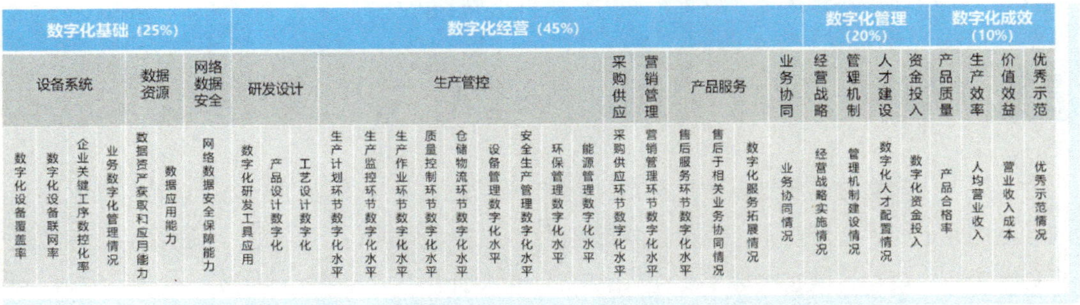

数字化基础（25%）			数字化经营（45%）					数字化管理（20%）					数字化成效（10%）			
设备系统	数据资源	网络数据安全	研发设计	生产管控	采购供应	营销管理	产品服务	业务协同	经营战略	管理机制	人才建设	资金投入	产品质量	生产效率	价值效益	优秀示范
数字化设备覆盖率；数字化设备联网率；企业关键工序数控化率	数智资产获取和应用能力；数据应用能力	网络数据安全保障能力	数字化研发工具应用；产品设计数字化；工艺设计数字化	生产计划环节数字化水平；生产监控环节数字化水平；生产作业环节数字化水平；质量控制环节数字化水平；仓储物流环节数字化水平；设备管理数字化水平；安全生产管理数字化水平；环保管理数字化水平；能源管理数字化水平	采购供应环节数字化水平	营销管理环节数字化水平	售后服务环节数字化水平；售后乃相关业务协同情况	数字化服务拓展情况；业务协同情况	经营战略实施情况	管理机制建设情况	数字化人才配置情况	数字化资金投入	产品合格率	人均营业收入	营业收入成本	优秀示范情况

● 图 4-5　制造业企业数字化应用场景，整理自制造业中小企业数字化水平评测表

数字化转型前景广阔，但落地确实不易。进入 21 世纪 20 年代，考虑到广泛存在的成本压力，低代码技术作为高生产力工具，被引入到企业数字化转型中，受到了行业的广泛关注。在这一过程中，低代码技术以成本与成果为导向的价值主张，得到了首批用户的高度认可，具体可简单概括为以下三点：

- **"快"**：低代码平台提供的模块化组件和预制模板能够大幅缩短数字化应用的开发周期，

使得企业能够迅速响应市场变化，加速数字化转型的步伐；

- **"轻"**：低代码平台门槛低，上手快，无须深厚的编程知识就可以快速构建应用，同时易于部署和维护的特性，降低了对专业技术人员的依赖；
- **"准"**：低代码技术能够支持快速构建原型，并依据反馈快速迭代。这种敏捷的开发模式能够精准满足用户需求，构建定制化的应用。

在低代码技术的帮助下，企业数字化的格局正在快速从标准化升级为定制化、从信息化进入数字化、从分散到集成、从流程到指标、从核心到创新，最终构建起数字化应用生态。

▶▶ 4.2.1 从标准化到定制化

回顾企业级应用的发展历程，我们可以清晰地看到企业软件经历了从标准化向定制化的演变。这一过程并非偶然，而是有其深层次的原因和逻辑。

时间回溯到 20 世纪 50-60 年代，由于计算机资源的稀缺性，使得早期的计算机体积庞大、成本高昂，只有大型企业和研究机构才能拥有。此时，软件通常是针对特定的大型计算机系统定制的。与此同时，早期的软件开发也缺乏现代的开发工具和方法论，编写软件本身也是一项高度专业化的工作。进入 20 世纪 70-80 年代，随着个人计算机的普及，企业开始探索使用计算机来提高工作效率。为了促进计算机在企业中的普及，软件供应商开始尝试推出标准化的软件包、数据库管理系统、会计软件等，逐渐形成了标准化软件市场。由于标准化软件可以批量生产，降低了软件的分摊成本，因此在推动企业信息化的过程中，基于成本和效率的考虑，成为企业的首选。到了 20 世纪 90 年代，随着企业规模的扩大和业务流程的复杂化，企业需要将不同的业务功能集成在一起，ERP（企业资源规划）系统应运而生。在企业应用的发展中，ERP 系统是标准化软件的一个典型代表。ERP 系统是基于一系列标准化的业务流程和最佳实践设计的，这些流程和实践通常被认为是行业内最有效的运作方式。ERP 系统通常采用模块化设计，提供财务、人力资源、供应链管理、生产管理、客户关系管理等多个标准模块，企业可以根据自己的需求选择和配置这些模块。除此之外，ERP 系统的实施通常也会遵循一套标准化的方法论，包括业务流程重组、系统配置、数据迁移、测试和培训等步骤。

但随着企业对信息技术的依赖加深，以及业务流程的日益复杂和个性化需求的增加，标准化软件的局限性开始显现：

- **灵活性不足**：标准化软件的设计通常更侧重于通用性，其功能特性主要是为了满足广泛用户的基本需求。这种通用性设计往往限制了软件在面对特定企业独特业务流程时的灵活性，使其难以完全适应特定的操作需求。
- **适应性挑战**：企业的业务环境是不断变化的，但标准化软件的功能和流程通常是固定的，这就造成标准化的软件难以快速适应企业的变化，尤其是在市场快速变化或企业战略调整时。

- **集成难度高**：标准化软件在初始设计时可能未能充分考虑到与其他系统的集成需求，因此在实际集成时可能会遇到困难，通常需要额外的努力和成本来完成集成工作。
- **定制成本高**：虽然标准化软件提供了基础功能，但企业为了适应自身业务发展需要，可能会有大量定制开发的需求。但这些定制开发的成本往往都很高，并且在后续的软件升级过程中可能会带来兼容性问题。
- **用户体验不佳**：标准化软件在设计上通常会考虑满足广泛用户群体的需求，无法顾及企业自身用户的具体操作习惯和偏好，这可能导致用户体验不佳，从而影响工作效率。
- **功能过剩问题凸显**：标准化软件为了覆盖尽可能多的用户场景，往往会开发大量的功能模块，这就意味着企业可能为了一些很少或未使用的功能支付额外的费用。此外，功能过剩不仅增加了软件的复杂性，还可能导致系统性能下降，增加对硬件资源的需求和维护成本，同时也会影响用户的操作体验。

虽然企业已经意识到标准软件的局限性，但传统的定制化软件开发周期长、成本高的特点对许多企业来说都是一个不小的挑战。然而，低代码技术的兴起为定制化软件的发展带来了转机。低代码平台通过简化开发流程和降低技术门槛，使得企业软件的开发成本大幅降低，让定制化软件不再只是大型政企单位的专属，帮助更多组织轻松构建符合自身业务发展的企业级应用，并因此获益。

这主要源于采用低代码技术进行定制化开发的下列优势：

- **缩短开发周期**：低代码平台提供全生命周期的可视化开发能力，极大地简化了软件开发流程。平台允许开发者通过拖、拉、拽的方式和模型驱动的逻辑配置来构建应用，大大减少了传统编码的工作，缩短了软件的开发周期。
- **降低开发成本**：传统的软件开发模式往往需要大量的专业开发人员，这些人员的招聘和维护成本相对较高。使用低代码开发平台能够缩小团队规模，让项目交付更敏捷，最终帮助企业降低定制化软件的开发成本。
- **提高业务响应灵活性**：低代码平台允许企业快速迭代和调整应用，以适应不断变化的业务需求。其可视化开发方式能够减少编码错误的可能性，平台内置的即时预览和迭代功能使得在开发过程中就可以快速发现并修正问题，减少了返工的可能性，进而加快了业务响应的速度。
- **促进业务与 IT 融合**：低代码平台搭建了一个业务和 IT 人员共同交流和协作的平台，帮助非技术背景的业务人员快速了解软件开发的流程与概念，并参与到应用的设计中来，加强了业务与 IT 团队之间的协作。这种参与不仅促进了双方的沟通，还确保应用开发更加贴近业务需求，从而提升整体的运营效率。
- **支持个性化定制**：低代码平台提供了足够的定制能力，使得企业能够根据自己的特定需求创建应用。同时，使用低代码开发平台的企业可以根据实际需求逐步扩展应用功能，避免了初期的大量投资。

微案例1——湖北省食品加工企业

客户是湖北省食品加工行业的前三强，主要以生产和销售食品、调味品为主。为了提升企业管理水平，企业决定实施一套全面的 ERP 管理系统，该系统需整合采购、生产、销售、库存、物流、财务以及数据统计分析等多个业务环节。

由于生产基地和销售公司分为两处，内部管理系统必须采用 Web 应用的方式，以便员工能够远程登录并进行协同办公。同时，系统需要支持两地多名员工在采购、生产、销售、库存、物流、财务等环节进行交叉录入和审核，并具备实时提醒通知功能。鉴于公司成立时间长，经营模式多样，市面上的 ERP 系统难以契合其独特需求，因此计划定制开发自有的 ERP 系统。但实际中面临招聘与管理专业开发团队难，外包成本高、维护难以及二次开发成本高昂等问题。经多方考察，公司最终决定采用低代码技术来搭建 ERP 系统。

整个系统由 150 张数据表和 400 个页面构成，全面覆盖了采购、生产、销售、库存、物流、财务、报表以及部分 OA 功能。在具体功能实现上，配货、物流、仓库、对账等环节都根据业务的需求进行了功能定制，比如批次库存、多仓库、多库位、负库存等操作。系统功能全面，规模较大，归属于小型 ERP 系统类别，典型界面如图 4-6 所示。从项目立项到主要功能的部署上线仅仅花了 8 个月的时间，且总投入不到 20 万元，显著节省了时间和成本。特别是在上线调试阶段，采用低代码技术针对系统功能进行优化调整的速度，相较于传统开发方式提高了近百倍。

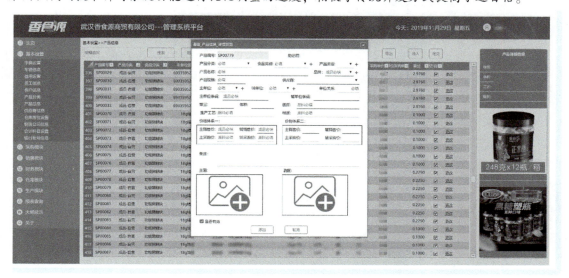

● 图 4-6 基于低代码技术构建定制化 ERP 系统 1

低代码技术不仅成功应用于食品加工行业集团级业务系统的搭建，而且也被众多行业，如精密模具、玻璃加工、服装生产、鞋履制造、纸箱加工等广泛采纳，用于打造符合各自需求的定制化 ERP 系统。

微案例 2——浙江省精密模具企业

客户是一家非标型生产企业，专注于各类精密注塑模具、锌合金压铸模具的研发、设计与制造。随着企业的发展，公司面临如何确保交付期限、保障产品质量、降低生产成本和提高整体竞争力这四大挑战。然而，传统管理软件已不足以支撑企业日益增长的精细化管理需求。因此，寻求一套能够满足不同部门管理需求并实施有效管控的系统成为当务之急，而定制化的企业 ERP 系统被视为解决这一问题的理想选择。

为应对上述问题，企业引入低代码技术并构建了一套符合自身特点的定制化 ERP 系统，包含销售系统、项目系统、模具设计、生产 MES、采购管理、库存系统、人事系统、手机系统、设备管理、财务系统等多个板块，主页如图 4-7 所示。上线后实现对每副模具的质量、交期、成本三大方面的全方位管理，该系统贯穿了销售采购、生产、外协、质量、仓储、成本财务等全业务流程。借助定制化的 ERP 系统，企业实现了对生产流程的全方位监控，推动了管理的规范化，提升了工作效率和管理水平，并降低了模具制造的成本。

● 图 4-7　基于低代码技术构建定制化 ERP 系统 2

除了快速构建数字化应用系统之外，使用低代码平台开发定制化软件还能够为组织带来以下好处：

- **增强数据安全与隐私保护**：定制化软件能够根据企业的特定安全需求进行个性化配置，从而在数据安全和隐私保护方面提供更高级别的保障。
- **确保所有权和控制权**：企业拥有定制软件的完全所有权，这意味着企业可以自主决定软件的更新和维护策略，不受任何第三方供应商的限制。
- **降低对外部供应商的依赖**：借助低代码技术自主构建定制化软件，企业可降低对第三方软件供应商的依赖程度，特别是在技术支持和服务方面。这不仅有助于企业实现更自主的运营管理能力，还能在快速响应市场变化和客户需求的过程中，增强企业的灵活性和市场竞争力。

▶▶ 4.2.2　从信息化到数字化

在诸多专业媒体乃至书籍资料中，信息化、数字化两个概念在很多时候都被混在一起，但实际上数字化更像是信息化的升级版。信息化可理解为用计算机或者手机上的各类软件来替代传统工作，比如在信息化之前，新员工入职要填写一个入职申请表，而之后可用手机扫描打开表单填写。数字化是将业务流程进行数字量化，方便寻找更优方案。比如通过系统记录不同人员的工时和产出，找出人效最好的员工，分析他的工作方法后在组织内推广。

随着组织从信息化向数字化转型的深入推进，低代码技术的应用范围日益扩大。低代码技术以其高效率和低门槛的特性，自推出以来便在数字化系统建设中得到了广泛的应用。

微案例 3——重庆市职业培训学校

客户是一家整合了多所高校和优质师资资源的市属学校，承担着重要的就业培训与指导职责。随着业务的扩展，学校面临着传统办公软件在数据交互和流程管理上的效率瓶颈。为解决这一问题，学校决定采用低代码技术来实现办公室自动化（OA）系统，以此来提升工作效率和满足个性化、资源集中化（集约化）、信息化的管理需求。

线上化的 OA 系统包含人事管理、申请与审批、计划与总结、用章与合同管理、考勤管理、财务辅助等模块。其中，人事相关的流程管理包括请假、加班、考勤等管理，可以在申请界面执行录入、修改、查看审批等操作。考勤核对页面能够将考勤相关的信息统一展示在一张表上，极大地方便了人事对考勤记录的核对；在财务辅助模块中，通过读取和回写单位财务系统外联数据表实现了支付的批量确认和财务付款凭证生成等功能。OA 系统把日常管理制度和流程搬到网上在线办理，优化了管理制度和流程，减少了繁复的手工操作，流程更加透明化、系统化，极大地提高了组织的协同能力，如图 4-8 所示。除了 PC 端之外，该系统也支持移动端访问，进一步提高了工作的便利性。

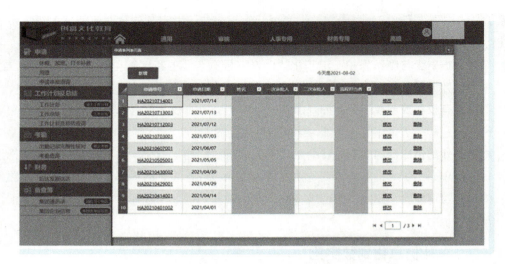

● 图 4-8　借助低代码技术构建办公室管理系统

　　除了 OA（办公室自动化）系统之外，CRM（客户关系管理）系统在企业中也扮演着至关重要的角色。随着电子商务的日益成熟以及全球一体化进程的加快，传统的企业经营模式经历了深刻的变革，企业间的竞争规则也发生了重大转变。理解并满足客户需求，建立稳固的客户关系以及有效管理客户信息，对于企业在市场中保持竞争力至关重要。在新的商业环境下，企业、供应商、分销商和客户之间的价值链协同成为企业竞争力的关键因素。因此，实施以客户为中心的 CRM 策略，对于企业在现代竞争中保持优势具有重要意义。

微案例 4——湖南省汽车销售服务企业

　　客户是一家以零售为主的企业，尽管已经采用了标准的 CRM 系统，但在实际应用中仍遭遇多个挑战。首先，系统未能满足 4S 店在客户管理和维护上的特殊需求，导致门店在接收保养和故障信息时只能被动响应，缺乏主动服务客户的能力。其次，CRM 系统的内置逻辑与门店的实际业务流程存在差异，影响了操作的灵活性。对系统进行二次开发或功能扩展不仅费用高昂，且耗时较长。另外，系统缺乏直观的数据报表功能，门店不得不依赖 Excel 表格进行客户信息收集和客服工作，这不仅流程复杂，还难以保证数据质量，导致无法实现系统和闭环管理。

　　为此，企业利用低代码技术成功定制开发的客户关系管理系统，包含六大模块，分别为数据导入、潜客管理、活动策划、回访管理、招揽管理和系统设置。适用于汽车 4S 店客服部以及服务部对客户的新车面访、新车回访、服务回访（界面如图 4-9 所示）以及首检、首保、二保、定保招揽和非保养入场招揽、流失招揽、质保提醒等。系统不仅能精准契合企业当前的业务需求，还能显著降低成本开支。

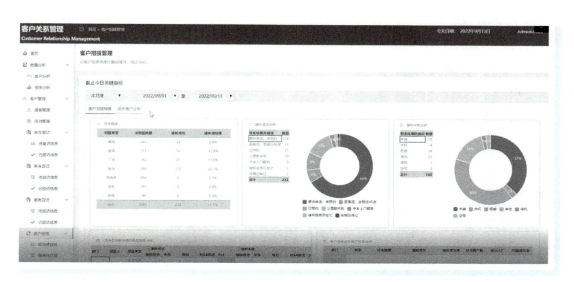

● 图 4-9　借助低代码技术构建客户关系管理系统

接下来，我们深入到业务层面。在早期，企业之间的联系相对较少，供应链通常被视为企业的内部流程进行管理。其主要职责是协调从外部采购原材料，通过生产加工转化为产品并最终由分级分销商或零售商销售给终端用户的一系列活动。然而，随着信息技术的发展，以及行业竞争的日益激烈，企业内部的供应链流程已不能满足发展的需求。在优化内部供应链流程的同时，相应的信息化系统也需要进行同步的升级。但采用传统代码开发模式开发定制化的供应链管理系统时，常常遭遇开发周期长，系统交付延迟的问题。为了支持业务的快速扩张，许多公司纷纷尝试使用低代码技术来构建定制化的 SCM（供应链管理）系统。

微案例 5——江苏省纺织供应链管理企业

该企业致力于整合家纺品类中的优质单品资源，通过品牌运营和经营赋能，创造性地打造了一种新型的家纺连锁营销模式。在成立之初，公司曾委托第三方企业开发定制化的供应链管理系统。但由于开发时间长，迟迟不能交付，致使业务发展受到了影响。为了支撑业务的快速发展，公司经过全面评估，决定与低代码开发合作伙伴共同打造新的供应链管理系统。

基于低代码技术构建的新版供应链管理系统分为三大板块，分别是用于企业内部的管理系统、客户门店端和供应商端，典型页面如图 4-10 所示。三大板块之间的数据能够无缝联动，确保公司能够实时捕捉各端的运营数据，快速响应市场变化和潜在问题；同时，也为未来的大数据分析提供了坚实的基础。

● 图 4-10　利用低代码技术构建供应链管理系统

技术创新领域，也是一样。随着云计算、大数据、物联网（IoT）、人工智能等前沿技术的不断进步，越来越多的组织正在利用 IoT 技术来增强设备管理能力、提升监测与运维服务。低代码技术不仅广泛应用于信息化系统，也正与物联网技术融合。通过信息技术（IT）与运营技术（OT）的整合，进一步推动数字化转型。

微案例6——浙江省建筑施工服务企业

基坑监测是轨道交通等大型工程中不可或缺的风险管理手段，尤其是在基坑开挖及地下工程施工阶段，通过对一系列物理参数的定性和定量监测，基坑监测为工程设计和施工提供数据支持和指导。传统的基坑监测系统往往局限于单项目数据监测或依赖物联网在线监测平台，引入低代码技术之后，就能够实现以现场管理和报告数据为中心，构建一个综合性的企业级服务平台。平台通过与自动化监测、BIM、GIS、VR等专业平台的信息集成，实现对"人、机、料、法、环"五大要素的全方位监测管理，功能架构图见图4-11。这个综合性的平台不仅拓宽了风险服务的范畴，更以低成本和高效率的目标，为基坑监测服务企业提供了创新、全面的解决方案。

● 图 4-11   借助低代码构建企业级基坑监测风险管理平台

低代码技术的应用场景还远不止于此。在项目管理、综合运营管控平台、仓储物流管理等多个数字化应用领域，低代码技术正发挥着巨大的潜力，推动组织运营模式改革和效率的全面提升。

▶▶ 4.2.3   从各自分散到平台集成

在信息化及数字化转型的过程中，受限于资金、技术、人才管理规范化程度以及员工观念等方面的原因，信息化、数字化建设往往需要循序渐进，分阶段开展。每个阶段，组织会选择不同业务环节开展信息化、数字化升级。要成功推进转型升级，组织必须熟悉单项业务级、部门级以及企业级三种不同场景下信息化、数字化的特点，并合理规划其中的关联点。根据转型推进的情况，逐步从较低的集成水平推进至更高阶段。从内部视角来看，信息化、数字化应用可大致分为三个阶段：单项业务级、部门级、企业级。

● 单项业务级主要是在信息化推广的早期阶段。组织通常会优先对那些周期性重复、操作简单、人工处理容易出错且相对独立的业务环节进行信息化改造。这一阶段的特点是信息化节点相对独立，一个信息点的输出无法自动传到下一个信息点，导致了人工干预增多，既增加了工作量，又增大了差错率，每个环节都是一个"信息孤岛"，无法实现数据共享。

● 部门级是在单项业务级基础上发展起来的，是指从部门的角度，将各个环节进行集成，形成一个系统性的管理。很多企业的信息化都是从财务管理开始的，如将工资核算、固定资产核算、总账管理、进销存等业务进行集成，实现财务部门内部的集成化管理。部门级应用显著提升了部门内各业务间的协同能力，提高了管理规范化水平，但缺点是仍未实现跨部门之间的数据共享。

- 企业级则是指通过集成方案，实现跨部门间的数据共享。企业级应用的目标是对多个部门的业务进行集成管理，消除"数据孤岛"，让所有数据及信息都能够实现跨部门共享。企业级集成的工作不仅仅是作业线上化，还可能涉及业务流程的重组。

以制造业为例，为促进制造企业的数字化转型，国家于 2020 年正式发布《智能制造能力成熟度模型》（GB/T 39116—2020），旨在协助制造企业、智能制造系统解决方案供应商和第三方开展智能制造能力识别，方案规划和改进提升。在智能制造能力成熟度模型中，成熟度被分为 6 个等级，如图 4-12 所示。

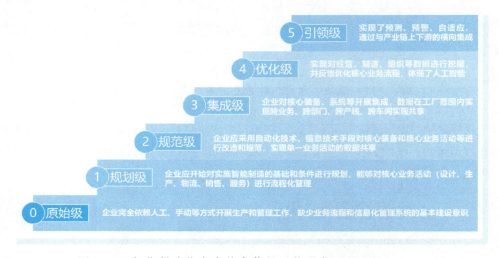

- 图 4-12　智能制造能力成熟度等级，整理自 GB/T 39116—2020

- **原始级**：指企业完全依赖人工、手动等方式开展生产和管理工作。企业尚未建立业务流程和信息化管理系统的基本建设意识。
- **规划级**：指企业开始对实施智能制造的基础和条件进行规划，能够对核心业务活动，例如设计、生产、物流、销售、服务进行流程化管理。
- **规范级**：指企业采用自动化技术、信息技术手段对核心装备和核心业务活动等进行改造和规范，实现单一业务活动的数据共享。
- **集成级**：指企业对核心装备、系统等开展集成，在工厂范围内实现跨业务、跨部门、跨产线、跨车间的数据共享。
- **优化级**：涉及对经营、制造、组织等数据的深度挖掘，并将分析结果反馈以优化核心业务流程，充分体现人工智能的应用。
- **引领级**：指达到预测、预警、自适应的能力，通过跨产业链上下游的横向集成，实现行业领先水平。

由此可见，集成一直以来都是信息化、数字化建设中的关键环节。而低代码技术作为一种新兴的软件开发方法在集成方面具有显著的优势：

- **开放的数据接入方式**：数字化应用中业务流转离不开数据的支持。不同场景下的数字化系统对数据库设计有着各自的需求。尽管低代码技术提供了内置数据库，但其开放的数据连接方式同样至关重要。首先，企业可能已经拥有了多个数据车系统，能够连接不同数据库的低代码平台可以更容易地集成现有系统，避免了大规模数据迁移的烦琐。其次，支持多种数据库的能力，使得低代码平台能够与多样的技术栈协同，为开发者提供了更大的选择空间和扩展可能性。这不仅能提高应用构建的灵活性，还增强了平台的适用性和企业级应用的构建能力，实现企业内部数据孤岛的打通，促进数据的全面集成与利用。

- **API 接口及服务**：为了确保平台的开放性和互操作性，低代码开发平台通常会提供对外的 API 接口及服务。API 接口允许在不同系统之间进行数据交换，这对于构建跨平台的应用至关重要。通过 API 接口或服务，平台可以与其他系统和服务进行集成，从而扩展其功能和应用范围。同时，开发者可以利用 API 接口或服务进行定制化开发，满足特定业务需求，而无须完全依赖平台内置的功能。

- **插件及连接器机制**：除了 API 接口之外，低代码开发平台通常还会提供插件和连接器机制。对于具备一定编码能力的开发者来说，可以通过编码的方式开发各种插件或连接器，从而将低代码构建的应用与各类软件和硬件设备深度集成，拓展系统的使用场景和服务边界。

- **集成模板及示例**：对于初始接触平台的开发者来说，集成模板和示例可以作为快速上手的工具，帮助理解如何将不同系统和服务集成到低代码构建的应用中。这些模板和示例提供了标准化的集成流程，大大节省了开发者在设计和实现集成方案上的时间。当然，通过参考模板和示例，开发者也可以避免集成过程中常见的错误，确保集成过程的顺利进行。

当然，除了集成类场景之外，低代码平台也会提供特定应用场景的技术解决方案。开发者可以通过深入研究这些材料来提升自身的低代码开发技能。此外，一些开发者会选择共享他们创建的模板，这样的行为极大地促进了社区内的知识交流和协作。

微案例 7——浙江省精密轴承制造企业

该企业成立于 2001 年，一期工厂 2018 年投产，35 条智能生产线，年产 7000 万套轴承。二期"数字化车间"9000 平方米，37 条生产线，年产将达 1.2 亿套。企业正推进数字化，目标是两年内建成黑灯无人工厂。二期工厂决定采用低代码技术打造生产运营管控平台。

数字化车间建设涵盖了设计数字化、生产装备数字化、生产过程管理数字化、仓储物流数字化、运营管理数字化、能源利用数字化、新技术与模式的应用等多个方面。借助低代码技术构建的"智造云"平台不仅包含定制化的 CRM 系统、ERP 系统、WMS 系统、MES 系统等，还将各个系统进行有效集成，功能架构如图 4-13 所示。从供应链管理维度打通 CRM、ERP 及 SRM 系统，形成全供应链的流程管理；从生产管理维度，打通 PDM、SCADA、ERP、MES 及 WMS 系统，连接整个生产过程及库存管理；从行政管理角度，打通 HR、OA、行政、食堂及访客管理等，高效提升办公效率。

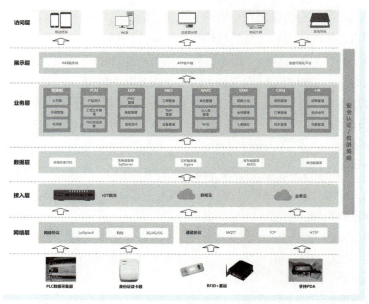

● 图 4-13 "智造云"平台的系统功能架构

"智造云"平台完全基于低代码技术进行构建，整个系统贯穿企业运营的多个环节，围绕"智慧工厂""数字化车间"的需求，通过物联网技术高效集成了很多外部软、硬件设备，例如，蓝牙打印机、RFID、高拍仪、网络云打印、手持 PDA、工业一体机、电视机、终端采集设备、物联网网关、号角广播、身份认证、钉钉、企业微信等，形成了软、硬一体化的解决方案。系统上线之后极大地优化了现有的流程，提升了工作效率。从整体来看，企业的生产效率提升了30.38%、能源综合利用提升了 11.11%、运营成本降低了 21.16%、产品不良率降低了 28.35%、产品研制周期缩短了 37.77%。该项目也入选为 2022 年第二批浙江省智能工厂认定名单。

▶▶4.2.4 从关注业务流程到建立指标体系

在推进数字化转型的过程中，大部分组织会优先聚焦于业务流程的优化与贯通。流畅的业务流程是提升运营效率、增强竞争力的关键所在。然而，随着数字化进程的深入，组织逐渐意识到，仅仅优化流程还不足以全面掌握业务状况和预测未来趋势。因此，构建一套科学、全面的指标体系成为数字化转型的又一重要任务。

微案例 8——重庆市机械加工制造企业

为了适应市场需求，企业将手动变速箱升级为自动变速器壳体，并提升产品精度标准。公司投资自动化生产线，推动智能化生产，同时探索精益数字化方案，以建立全面的指标体系。该指标体系旨在全方位评估企业的绩效和运营状态，涵盖财务、运营、客户等多个关键业务领域，以实现对公司整体状况的深刻洞察。此外，这套体系为组织提供了一和量化的方法来衡量企业绩效，通过设定具体指标和目标，将绩效转化为可衡量的数据，使管理层能够更清晰地把握企业表现，并据此进行分析和决策。

经过精益数字化改造，企业已经建立起了一套与自身发展相匹配的绩效指标体系，如图 4-14 所示，并通过车间绩效电子看板实时展示相关指标数据，以便于管理层和员工随时监控和调整。

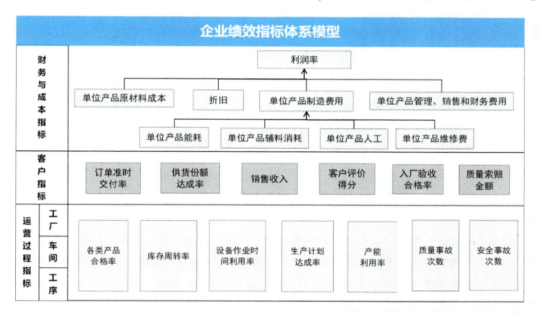

● 图 4-14 企业绩效指标体系模型示例

通过车间绩效电子看板，管理层能够即时掌握车间的实时状态，例如计划达成率、废品率、设备效率等关键指标。借助直观的数据展示和图表分析，管理者能够迅速了解车间生产状况和绩效表现。通过构建这一指标体系，企业实现了业务的精细化管理和提升。

指标体系为组织的管理层提供了一套量化的标准，能够帮助管理层基于数据而非直觉做出更加科学的决策。建立指标体系的价值是多方面的，例如指标体系能够助力公司持续监控业务绩效，及时发现偏离目标的情况并采取相应的措施；帮助快速识别问题所在，通过分析指标变化诊断问题的根源，从而制定解决方案；揭示流程中的瓶颈与低效环节，推动公司不断优化运营流程，提高效率；为员工提供明确的绩效标准，作为激励和考核的基础，促进员工的积极性和责任感。

在搭建指标分析平台的过程中，低代码技术能够无缝对接 ERP、CRM、数据库等多种数据源，显著提升了数据集成的便捷性。这一特性确保了指标体系能够建立在全面且实时更新的数据基础之上。比外，低代码平台的灵活开发模式简化了指标体系的调整与优化流程，由此确保指标体系能够迅速适应业务发展的变化。

▶▶ 4.2.5 从构建核心系统到探索创新应用

近年来，低代码技术正在迅速普及，其应用范围从简单的表单应用扩展到了复杂的核心应用系统。最初，低代码技术被许多中小企业用来开发特定领域的核心业务系统，例如制造业的模具生产管理系统、冷链物流管理系统、LED 生产企业中的制造执行系统（MES）等。随后，越来越多的中大型企业也开始引入低代码技术并用于构建企业内部的综合型管理系统。

微案例 9——浙江省制造业数字化服务提供商

紧固件行业往往遭遇库存积压大、仓库在制品数量无法及时掌握、生产过程管控难、成本归集困难、难以进行精细化核算等难题，针对这些挑战，宁波的一家信息科技公司运用低代码技术开发了一套专属于紧固件行业的生产运营系统——"易紧固"。该系统紧密结合紧固件制造的需求，整合了 ERP、MES、WMS 以及设备联网技术，形成了一个全面的生产运营平台，涵盖了销售、计划、采购、生产、仓储、质量检测等多个功能模块，为紧固件行业提供全方位的数字化解决方案，功能架构如图 4-15 所示。

易紧固系统能够高效准确地采集作业现场的综合数据，包括人员、设备、物料、工艺、质量等关键信息，使得整个生产过程更加透明化。系统整合手持终端和手机移动端，实现了对物品的批次号管理。利用二维码技术，系统执行扫码操作以管理出入库流程，并对库区、货架和库位进行了精细化管控。通过简单的扫码动作，就可实时查看库位上的库存状况。在出库环节，扫码功能有效避免了后进先出的问题，实现了仓库的可视化管理。此外，系统不仅支持对接硬件和二维码扫描，还实现了与微信、钉钉等第三方程序的无缝对接。相较于传统开发模式，使用低代码技术使得开发效率提升 50%。除了开发效率显著提升之外，低代码平台的部署和运维也非常高效，整体交付成本可降低 50%。

除了大型综合管理系统，部分企业更倾向于将财务作为数字化创新的切入点。因为财务作为企业发展的核心职能，扮演着非常重要的角色。财务数据能够直观反映企业的价值，财务状况也是衡量企业管理水平和竞争力的关键所在。在财务管理领域，数字化运营已相对成熟，从电子记账、会计电算化，到自动化、银企通、远程报销以及财务机器人的应用，数字化一直在推动企业转型升级。然而，在不同的企业发展阶段，财务管理的侧重点也会发展变化，例如生产时代企业需要关注财务会计核算成本和控制成本，而在扩展时代，财务管理更侧重于服务与风险管控。低代码技术的兴起为财务数字化建设带来新的机遇。低代码技术凭借其易用、灵活、高效的特性，正逐渐被企业和服务商用于财务数字化应用的建设中。

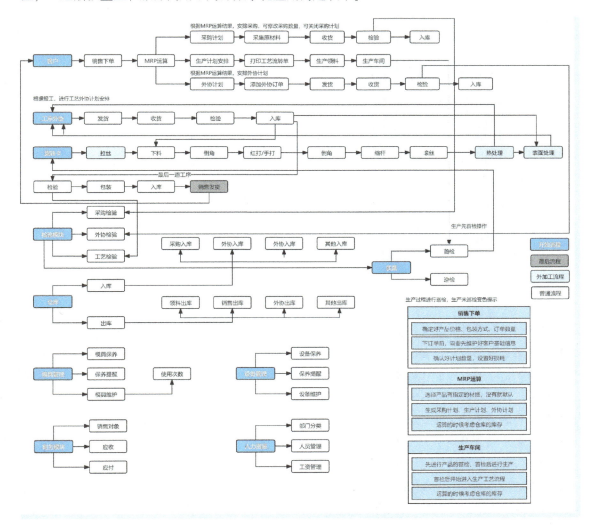

● 图 4-15　"易紧固"系统功能架构图

微案例 10——河南省数字化应用技术服务商

河南某科技有限公司，作为豫西及中原地区领先的数字化应用技术服务商，专注于信息化、数字化和智能化领域，致力于为企业和行政机构提供全面的应用系统解决方案及专业技术服务。

凭借二十余年的行业沉淀，公司与30多家知名厂商建立了战略合作伙伴关系并积累了超过1000家规模以上企业和政务客户。

在数字化转型背景下，公司针对机关财务内控管理提出从"人控"向"机控"转变的系统架构设计。数字化财务内控系统主要基于业务流程管理思想，为用户提供全流程的数字化财务内控管理服务，重点解决机关单位及企业经费管控难、报销效率低、财务管理缺乏信息化手段等难题。系统的功能架构如图 4-16 所示。

● 图 4-16　基于低代码技术构建数字财务内控系统

在低代码技术普及之前，公司主要使用传统开发方式来构建财务应用系统。然而，随着业务流程的日益复杂化和功能需求的多样化，传统开发方式显得力不从心，难以适应快速的业务变化。基于此，公司引入低代码技术，并使用其构建了新一代的数字化内控管理系统。整个系统从业务变革、组织赋能、优化运营、业务标准等七个关键角度出发，涵盖经费管理、经费报销、票据影像、智能应用、业财智能融合等多个模块，通过细化流程模型，实现端到端的业务贯通，以响应"信创"安全战略，推动内控科学化和精细化。

随着低代码技术的持续成熟以及在多样化数字化场景中的深入应用，越来越多的企业不仅在构建内部核心系统时采用低代码技术，而且逐步将其拓展至创新场景的探索。这些企业利用低代码平台的灵活性和高效性，不仅加快了传统业务及流程的数字化转型，还有效推动了新业务模式和创新方案的快速落地，从而在激烈的市场竞争中占据先机。

微案例11——四川省机械装备制造企业

该企业专注于打造高质量的建设机械和军工车辆，产品技术质量领先，并多次荣获国家级奖项。在数字化转型中面临人员结构复杂、节点控制难、数据孤岛现象明显、人力成本高等众多挑战。公司对市面上的标准化应用考察后发现购买标准化系统，就需要对现有组织架构和业务流程进行调整，不仅风险高、实施难度大，而且成本效益也不明确。另一方面，使用传统软件开发进行定制化开发的高昂费用和不确定性也使得这一路径难以承受。

经过综合评估后选择低代码技术，避免了标准化系统和传统定制的风险和成本。截至 2017 年下半年，利用低代码技术搭建的综合管理系统已经在集团内 4 个分公司、12 个部门中运行，实现了工作流程统一、办公网络化、数据信息化和统计分析自动化，提高了办公效率和质量，获得内部一致好评。

在此之后，公司开始将低代码技术应用于产品创新实践。特别是针对建筑机械类特种设备的全生命周期管理。塔吊作为关键设备，在多个工程领域至关重要，其三大危险源包含设备、人员和行为。只有通过持续对设备的运行以及人员的操作行为进行监控，才能加深对塔机运行的理解。

为高效推进创新应用落地，企业与第三方服务商利用低代码技术打造"工程机械设备运行管理系统"，系统架构如图 4-17 所示。通过物联网技术获取塔机的实时运行情况，例如吊钩、吊重、起升次数、回转次数、变幅次数等上百个监控数据。依据塔吊的运行数据对其进行健康评估、分析设备的保养临界点、故障易发点、性能缺陷点等。不仅能够为使用者提供设备维护和保养的提醒和建议，还能为未来推动企业技术革新和缺陷补偿提供有效的数据支撑。此外，系统还对人的行为进行监控，并通过黑匣子将行为数据记录下来，在足够数据量支撑的情况下进行司机的行为画像，从而评估司机的操作习惯和风险倾向。

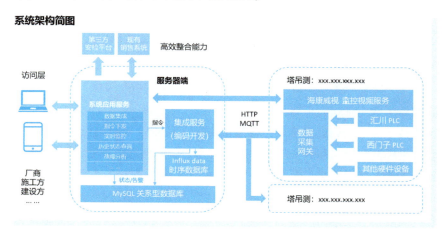

● 图 4-17　基于低代码技术构建设备可视化实时监控中心

在智能工厂中，自动导引车（AGV）是提升效率的关键工具。它利用高精度的导航系统，自动执行物料搬运任务，精确地将物料送达生产线，显著地降低了人工成本并提高了生产效率。将 AGV 系统与工厂 MES、WMS 等系统集成能够实现数据的同步和流程的自动化。在早期的应用

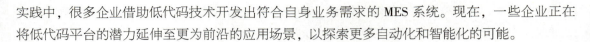

实践中，很多企业借助低代码技术开发出符合自身业务需求的 MES 系统。现在，一些企业正在将低代码平台的潜力延伸至更为前沿的应用场景，以探索更多自动化和智能化的可能。

微案例 12——福建省电机制造企业

福州某科技公司，作为法国某知名企业在亚太地区重要的生产基地，主要负责向亚太及其他地区的客户提供专业的电力能源产品、电机与驱动器、备件和服务支持。为了满足业务高速发展的需要，公司引入低代码技术并迅速组建了一支先锋团队，在极短的时间内成功搭建企业定制的 MES 系统，并通过项目实战培育了一支技术过硬的低代码开发团队，建立了一套完善的低代码开发规范。

项目成功实施之后，IT 团队继续将低代码应用于创新领域。其中，一个典型的例子就是利用低代码技术开发的双箱 AGV 智能配料项目。该项目通过将产线实时需求、材料立库与 AGV 机器人等进行联动应用，实现产线的 JIT 精益物料配送。在该系统中，AGV 的运行完全由系统算法自动调度，仓库只需将物品装箱就位，产线将物料需求通过 MES 系统扫码自动扣减触发叫料和回托指令，AGV 即可精准匹配需求并执行配送任务。这是公司迄今为止开发的最复杂的项目，也是 AGV 同行业应用的最高水准。得益于低代码开发平台的赋能，IT 团队仅用了一个半月时间和极低的成本便完成项目的开发，并实现了业内领先的应用效果。

▶▶ 4.2.6 建设数字化应用生态

2023 年，中共中央国务院发布《数字中国建设整体布局规划》，再次强调数字经济在数字中国建设中的重要地位，吹响了数字化转型的号角。

数字化转型是一个动态的、持续发展的历程，业务场景的数字化是确保转型成功落地的重要途径之一。通过具体业务场景的数字化，企业能够将抽象的转型理念转化为实际操作，确保数字化技术能够有效赋能于企业的实际业务需求。

低代码技术的出现为构建更适合业务发展的数字化应用带来新的机遇。在最近几年，低代码技术以其便捷性和高效性，在众多行业中迅速普及，例如金融、制造、交通运输、仓储物流、医疗卫生、建筑地产、批发零售、教育等，其应用范围和深度都在不断扩展，其高效率的开发能力也赢得了业界的广泛认可。随着企业对数字化转型的需求日益增长，越来越多的企业开始将低代码平台作为构建数字化应用的基础设施。低代码技术正在成为企业内部数字化应用生态建设的核心。企业利用低代码技术，不仅可以打造定制化的业务管理系统，还能实现数据的无缝流通和集成，从而提升数据利用效率，增强决策支持的精准度。此外，低代码平台的支持和服务为企业提供了持续创新和快速迭代的能力，使数字化应用更贴合业务发展需要。

微案例 13——上海市房地产开发商

为进一步推动企业发展，集团制定了"三步走"的数字化转型规划：第一阶段，梳理并串联业务流程，沉淀数据；第二阶段，建立数据仓库，输出分析报表，辅助管理层决策；第三阶段，探索 AI 技术降本增效，应用于企业运营管理。自 2023 年起，受政策和市场影响，地产行业现金流紧张，集团强调降本增效，信息化项目面临成本压力和业务需求与成本不匹配的问题。同时，项目实施周期要求短，而传统开发周期长且资源有限，高质量快速完成系统建设成为一大挑战。

为高效应对挑战，团队积极探索数字化转型的落地方案。在对市面上多个方案及产品进行对比研讨之后，公司计划引入低代码技术并将其作为构建数字化应用的核心开发平台，如图 4-18 所示。

● 图 4-18　集团数字化转型整体框架

引入低代码技术后，团队迅速完成了资产管理和监察审计系统的开发上线。相较于传统开发模式，低代码平台简化了开发过程，无须深入掌握 HTML、JSON、CSS、jQuery 等技术，通过直观的拖拽操作即可实现。此外，低代码平台具备完整的软件开发全生命周期管理能力，支持大型复杂系统的构建。以资产管理系统为例，采用低代码技术，成本节约超过 60%，时间周期缩短了 50%。

除了应用在地产行业之外，低代码技术在制造业中也有着非常广泛的应用。在制造业，由于产品的多样性、生产流程的复杂性以及供应链的广泛性，传统的标准化信息系统往往难以满足其多变和复杂的业务需求。因此，低代码技术在此领域的应用日益增多，依托低代码技术，企业或服务商能够实现更加灵活的解决方案。目前，越来越多的制造业企业正通过低代码技术打造自主的研发平台，以更好地适应和优化其复杂的业务流程。

微案例14——四川省外资印刷企业

客户是一家拥有超过150年历史的美国印刷业巨头全资子公司，秉承总部的先进管理理念。在数字化转型中，面临传统开发成本高、周期长、效率低以及市面上缺乏适应其独特业务需求的成本软件的挑战。因此，公司寻求一款低代码产品，以自主构建数字化应用，并重点考量平台的易用性、开放性、集成能力、安全性和可扩展性。

选定低代码平台后，IT团队制定了全生命周期的低代码开发流程和规范，保障数字化应用建设的标准化和一致性，如图4-19所示。借助低代码开发平台，团队高效开发了包括刀模管理、加工管理、设备管理、物流订单、报告管理、C1智能化应用及样书管理等多个系统，并涵盖了10余个业务场景。

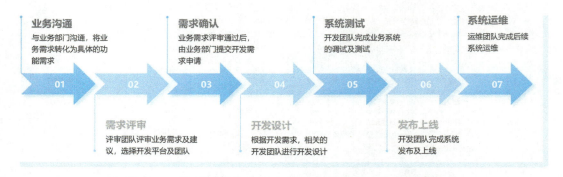

● 图4-19 贯穿于软件全生命周期的低代码开发流程和规范

与企业外购第三方系统相比，公司自主研发的系统更具优势。其操作简易、功能强大，能够完全贴合企业自身业务的发展需要。通过自主构建的多个应用系统，公司不仅有效地改善了业务部门的使用体验，还极大地优化了公司的运营状况。这种转变不仅帮助企业降低了人力成本，还在缩短客户收款周期等方面取得了实际性效益。同时，自主构建数字化应用的路径也增强了公司进行数字化改革和建设的信心与决心。

随着全球贸易的不断发展和物流行业的不断壮大，物流服务需求不断增长，同时也带来了很多新的挑战。面对这些挑战，物流行业需要不断创新优化，提供更加高效、安全和可靠的服务。低代码技术的出现为物流行业带来了新的曙光。基于低代码平台构建物流信息化系统，不仅可以降低IT开发成本和技术门槛，使得企业更加专注于自身业务发展和创新，同时，能够提高物流服务质量和效率，加速企业信息化、数字化、智能化转型的步伐。

微案例15——福建省集装箱航运物流企业

福建某控股公司秉承市场需求导向，聚焦集装箱航运物流业务，通过融合水运、陆运、铁路等多种运输方式，依托数据智能科技，致力于打造绿色、经济、高效、安全的集装箱物流一体化解决方案。在数字化转型的进程中，公司引入了一系列先进的应用系统和工具，用以全面提升管理效率，激发业务创新。公司内部现有的定制化开发平台因版本老旧，在系统性能、用户体验、部署维护等方面均显不足，制约了数字化转型的进展。

面对内部日益增长的个性化需求和创新化应用，企业需要寻求一个更先进、灵活、高效的应用开发平台。在此背景下，公司引入低代码技术并成立了低代码开发团队。该团队利用低代码开发平台完成了 18 个系统的开发与上线，如图 4-20 所示，从弥补原有系统平台的不足到满足个性化应用需求，低代码技术在各个领域都发挥了重要的作用。

● 图 4-20　利用低代码技术构建数字化应用

企业在挑选低代码平台时进行了全面的考量，期望平台既简单易用，以便实施人员也能参与应用搭建，提高交付效率和灵活性，又需具备高级功能，如数字分析与个性化定制。选型时，企业特别重视平台的学习成本、可扩展性和集成能力，以确保低代码平台能够成为数字化应用建设的核心。

从业务的视角来看，低代码技术的引入，显著加速了企业数字化应用的开发进程，为数字化转型注入了强大动力。然而，转型的成功并非仅仅在于引入数字化技术，更在于深刻理解企业的业务需求，并结合企业的独有特性量身打造解决方案。数字化是推动管理升级和业务模式创新的手段，其真正价值体现在正确的认知和精准的应用上，而非仅仅作为一时之需的救急措施。理性对待和运用数字化工具，才能最大化其潜力，让企业真正受益。只有将正确的态度和方法贯穿于数字化建设的全过程，才能确保数字化转型的成功，从而使企业在激烈的市场竞争中脱颖而出，实现长期的业务增长和价值创造。

4.3　数据视角，低代码与数据管理能力成熟度

随着市场环境的变化和管理变革诉求的日益明确，企业的数字化应用也在经历一个显著的变化，从最初的业务支撑型逐步发展为决策支撑型。这一转变不仅体现了企业对数字化技术的

深入理解和应用，同时也反映了企业对数据价值的深刻认识。

企业的数字化应用主要聚焦于提高业务效率、优化业务流程和满足客户需求。这些应用通常被设计为执行特定的任务，例如订单管理、资产管理、库存管理、客户关系管理等。虽然这些应用在一定程度上提高了企业的运营效率，但它们的数据分析和决策支持能力相对有限。

然而，随着市场环境的变化，企业开始面临更加复杂多变的市场竞争。为了能够保持竞争优势，企业需要更加深入地了解市场动态、客户需求和竞争对手的行为。同时，企业内部的管理变革诉求也日益明确，高层管理者也纷纷开始寻求通过数据分析来优化决策过程，提高决策的准确性和效率。

在这一背景下，企业的数字化应用开始从业务支撑型向决策支撑型转变，如图 4-21 所示。决策支撑型的数字化应用不仅具备业务支撑型应用的所有功能，还增加了强大的数据分析和决策支持功能。这些应用能够收集、处理和分析大量数据，为企业提供有价值的洞察和决策依据。

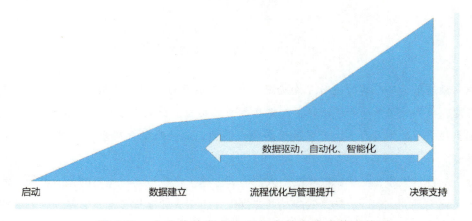

● 图 4-21　企业的数字化应用逐步转变为决策支撑型

在这一转变过程中，数据起到了至关重要的作用。它不仅成为驱动企业决策和业务优化的核心要素，也是连接企业各个部门和业务流程的纽带。为了充分发挥数据的作用，企业需要制定明确的数据战略，这一高层策略决定了企业数据治理和数据应用的方向。

为了有效实施数据战略，DCMM（数据管理能力成熟度）模型为企业提供了一套科学、规范的数字管理评估体系。该模型不仅有助于企业贯彻国家标准，还成为推进数字化转型升级的重要抓手。通过将 DCMM 评估与数字化转型升级有机结合，企业可以更加精确地识别自身在数据管理方面的差距和不足。基于这些评估结果，企业可以针对性地制定和实施提升策略，从而在数据管理领域取得更显著的成果。这种有机结合不仅提升了企业的数据管理能力，还为企业的数字化转型和可持续发展奠定了坚实的基础。

图 4-22 的 DCMM 模型将数据管理能力成熟度划分为五个等级，从低到高依次为初始级（1级）、受管理级（2级）、稳健级（3级）、量化管理级（4级）和优化级（5级），各个级别的特点见表 4-1。

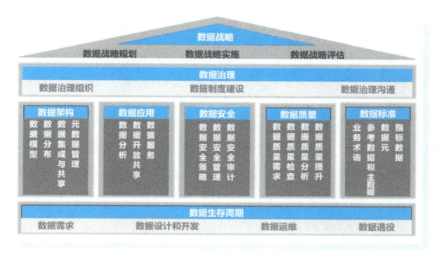

- 图 4-22　DCMM 的能力与过程域，来自 DAMA 数据管理知识体系指南

表 4-1　DCMM 模型下的等级划分，来自 DAMA 数据管理知识体系指南

等级	名称	描述
1	初始级	被评估的组织还没有意识到数据的价值，数据需求的管理主要体现在项目级，没有统一的管理流程，没有正式的数据规划、数据架构设计、数据管理组织和流程，主要是面向特定问题的被动式管理。组织在制定战略决策时，未能获得充分的数据支持
2	受管理级	组织已经意识到数据的重要性，并根据管理策略的要求制定了管理流程，设置了相关岗位和人员进行初步管理。组织已经意识到数据孤岛是一个重要的管理问题，并进行初步的数据集成工作，尝试整合各业务系统的数据，设计相关的数据模型，对重要数据的安全、风险等方面设计相关管理措施
3	稳健级	数据已经被当作实现组织绩效目标的重要资产，并且在组织层面制定了系列的标准化管理流程、规章和制度，能够推动各部门按照流程开展工作。同时，数据的管理以及应用能够结合组织的业务战略、经营管理和外部监管需求。参与行业数据管理的相关培训，具备数据管理人员。在日常的决策、业务开展过程中，组织能够获取数据支持，明显提升工作效率
4	量化管理级	数据被认为是获取竞争优势的重要资源。组织层面已经认识到数据是组织的战略资产，了解数据在流程化、绩效提升等方面的重要作用，并能够建立可量化的评估指标体系，可准确量化数据管理流程的效率并及时优化，量化数据分析的收益，推动组织的业务创新。内部定期开展数据管理、应用相关的培训工作，企业能够充分借鉴行业最佳案例、国家标准，并积极参与国家、行业等相关标准的制定工作

（续）

等级	名　称	描　述
5	优化级	数据被认为是组织生存和发展的基础。组织将数据作为核心竞争力，可以利用数据创造更多的价值和提升改善组织的效率。企业能够将自身数据管理能力建设的经验作为行业最佳案例进行推广，能主导国家、行业等相关标准的制定工作

DCMM 的各个等级反映了企业在数据管理和应用方面的成熟度水平。从数据应用的维度来看，业务数据化是提升 DCMM 成熟度、实现数据价值的关键前提。只有通过业务流程的数字化改造，建立起高效的数据采集和集成机制，才能为后续的数据分析和应用提供高质量的数据基础。而在推进业务数字化的过程中，低代码技术将发挥越来越重要的作用。它可以帮助企业加快业务系统的数字化改造进程，简化业务数据的采集和集成流程，以定制化软件为抓手，赋能业务人员更深入地参与数据治理。这不仅能够加速企业业务数据化进程，为 DCMM 成熟度的提升夯实基础，也能够帮助企业用更低的成本、更短的时间完成数字化转型。

▶▶ 4.3.1　高效数据采集

受限于有限的信息化建设预算、较高的系统开发成本以及 IT 人力资源的不足，许多企业的信息化系统难以实现对各个业务领域和环节的全面覆盖。这导致许多数据采集需求无法通过信息系统得到有效支撑，而不得不使用线下 Excel 和 Word 等工具来进行填报和汇总。然而，这种线下的数据采集方式存在诸多弊端。首先，Excel 和 Word 等工具缺乏必要的数据校验和质量控制能力，如无法配置必填项、设定数据范围、进行引用数据的精准匹配（如产品名称必须引用公司主数据，而不能在一个地方用全称、另一个地方用英文简写）等，难以从源头保障数据的准确性、完整性和一致性。其次，线下采集的数据通常需要经过人工的二次录入、抄写、汇总等处理，才能最终进入业务系统，这不仅耗时耗力时效性不高，而且很容易引入错误和遗漏。再次，线下采集的数据往往缺乏统一的规范和标准，不同业务部门、不同人员采集的数据在格式、口径、定义上可能存在差异，数据的可比性和可复用性较差。最后，线下采集的数据难以实现自动化提取、共享和应用，不利于发挥数据的价值。

这些挑战是长期存在的，但许多企业受困于当下没有足够的预算和人力，不得不暂缓数字化改造。而低代码技术的出现，为企业提供了一个更加经济、高效的解决方案。基于低代码平台，企业 IT 团队可以快速、低成本地将各类线下数据采集场景改造成标准化的在线数据填报系统，而无须投入大量的开发人力。

微案例 16——黑龙江省中药制药企业

客户是一家专注于生产高端中药剂产品的现代化制药企业。通过二十多年的发展，已成为国内有相当影响力的药业集团。尽管企业内部已上线多个信息化系统，但仍有大量基于 Excel 表格的规范在运行。这导致数据缺乏统一规范，信息孤岛问题凸显，现有数据资源难以得到充分利用。

为解决数据管理难题，企业实施了报表数据中心项目，希望通过该项目将当前分散运行的、规范化的 Excel 表格纳入统一的信息化管理体系。建设中，企业采用低代码技术迅速构建了一个灵活高效的数据填报平台。将分散的 Excel 数据采集方式转变为在线填报，如图 4-23 所示，实现了数据的标准化和规范化，提高了数据采集的效率和质量，为数据整合分析打下坚实基础。低代码技术的应用实现了对原有的线下数据处理场景的系统化重塑，是推动企业数字化转型的一条高效途径。

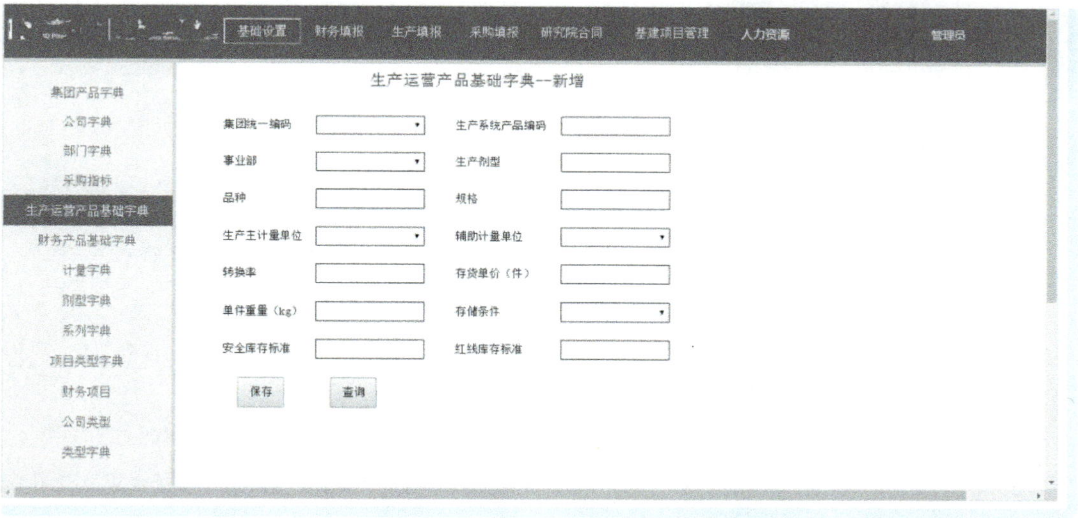

● 图 4-23 利用低代码技术构建数据填报平台

此外，众多行业的业务人员在长期的工作实践中已经形成了对线下 Excel 的高度依赖性。一方面，Excel 凭借其灵活、直观、易用等特点，能够很好地满足业务人员进行数据处理和分析的需求；另一方面，众多业务流程和管理规范也是基于 Excel 模板和操作逻辑来设计和执行的。因此，当企业希望将线下业务流程和数据采集场景迁移到信息系统时，往往会强烈要求新系统能够尽可能兼容原有 Excel 的操作体验，最大程度地减轻人员的学习和适应成本。然而，市面上大部分面向多行业、通用场景而设计标准化信息系统，往往采用固定的表单样式和填报流程，难以满足特定行业在 Excel 操作体验方面的独特需求。这就导致用户体验上的不一致性，从而影响了系统的推广普及和实际使用。而借助低代码技术，企业可以快速、灵活地构建出类似 Excel/Word 操作体验，并将其与业务流程、数据管理等后台功能进行深度融合，如图 4-24 所示，形成一套满足行业特色需求的定制化解决方案，降低业务人员的使用门槛。

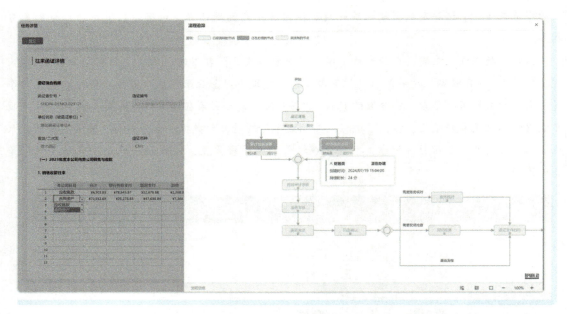

● 图 4-24   借助低代码技术将数据填报与业务流程、数据管理等后台功能进行整合

▶▶ 4.3.2   加速数据流转

在企业信息化建设过程中，由于各业务系统往往是分期甚至分头建设的，彼此独立规划、独立实施，因此会存在数据无法共享复用的现象。当系统间需要进行数据交互时，一线人员可能会通过手工抄写、填报等低效方式完成，难以实现自动化的数据访问和应用。有调研显示，超过70%的企业表示，由于数据散落在各业务系统、部门、环节，数据孤岛问题突出，严重阻碍数字化转型的步伐。而采用传统的数据集成模式不但周期长、成本高、灵活性不足，同时也无法满足业务变革和创新的敏捷需求。打通分散在各类业务系统中的数据，实现数据的有序流转和价值释放，是数据治理工作中的重中之重。低代码技术的出现为系统间的数据流转提供了一套创新的解决方案。

微案例17——广东省健康营养保健食品生产企业

客户是一家集科研、设计、制造、销售、服务于一体的现代化综合性企业，也是具有国际水平的健康营养保健食品 OEM 大型生产商之一。多年来，公司高度重视企业信息化建设，陆续引入用友 U8+ERP 系统，泛微 OA 系统等多款软件，以提升企业管理水平。但企业内部固定资产众多、车间设备互借频繁，OA 与 ERP 系统数据未能有效对接导致 ERP 固定资产账实不符，影响折旧计算和产品成本核算，制约了企业管理的规范化和精确化。

为提升资产管理规范化和查询便捷性，公司引入低代码技术在月友 U8+ 基础上进行二次开发，快速构建固定资产条码管理系统，并与泛微 OA 集成，优化资产转移流程。团队一周内完成了基础功能的开发，三周内实现了系统上线，大幅降低成本，缩短周期，并通过移动端进一步提升了企业的数字化水平。实践证明，面对传统信息系统带来的数据分散、割裂等问题，低代码技术能够对既有系统进行快速、灵活的扩展与集成，同时也是解决信息系统数据分散的有效方案。最终用户的使用体验如图 4-25 所示。

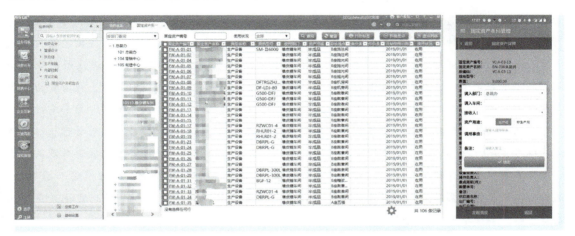

● 图 4-25 借助低代码技术打通 ERP 与 OA 系统，高效实现数据互联

除了打通业务系统间的数据孤岛，实现数据的高效集成与共享应用之外，借助低代码技术，企业还可以进一步扩展数据应用的广度和深度，将数据价值延伸到业务流程和决策管理的"最后一千米"。早期的信息化系统大多缺乏与移动端的有效集成，数据采集难以触达一线业务场景，影响了管理的时效性和精准度。而低代码技术凭借其开放性、敏捷性、集成性的技术优势，能够与钉钉、企业微信等协同办公平台的无缝集成，实现业务数据向办公场景的灵活延伸。同时，与微信、支付宝等开放平台深度整合，能够实现业务数据与外部生态的互联互通。这样就会形成一个全场景、全渠道、全链路的数据应用生态圈。深度融入企业管理和业务运营的每个环节，实现管理、业务、操作的全面数字化升级。

▶▶ 4.3.3 可视化数据分析

数据是实现业务洞察的关键要素，但在企业信息化的早期阶段，许多系统更侧重于对业务流程的梳理和固化，而对数据本身的价值挖掘还相对薄弱。数据可视化技术的兴起，为深入发掘数据宝藏、实现数据价值提供了新途径。传统的数据可视化工具虽然在一定程度上满足企业对数据价值洞察的需求，但搭建周期长、使用门槛高、灵活性不足等特性也制约了数据价值的充分释放。低代码技术不但可以作用于数据采集与流转环节，还能够大大简化数据分析应用的构建流程，缩短开发周期，让数据的价值更加显性化。快速交付且能做到随需而变的数据可视化应用，让管理层能够更直观地从整体上了解业务当前所处的状态以及需要关注的关键环节，促进业务的高效流转，为数字化转型升级争取到更多资源投入。

微案例18——某汽车零售企业

汽车销售行业通常依赖 Excel 进行业务数据的收集和汇总，以便管理层实时了解各门店的经营状况。这一过程通常由门店人员逐级上报，再由区域经理层层汇总，最终形成供领导决策参考的报表。然而，这种填报流程存在众多弊端：数据汇总周期长，门店提交数据后还需要等待区域经理和上级领导逐级审核、汇总，难以实现数据的实时共享，领导层无法及时洞悉最新业务动向。数据追溯困难，一旦发现数据问题，很难快速定位问题源头，需要逐级排查，耗时费力。这些问题导致管理层难以及时、准确、全面地掌握业务运营的状况，影响决策的科学性和有效性。

企业引入低代码技术后，快速构建了集团报表填报系统，涵盖资产管理、销售管理、往来现金、库存管理、指标分析等多个模块。通过规范化的数据填报流程，使业务数据能够从源头实现标准化采集，并充分利用采集到的数据，构建科学、完善的库龄管理系统，效果如图4-26所示。通过对车辆库存的实时盘点和动态跟踪，精准掌握库存车辆的库龄分布，并据此实施差异化的销售策略、奖惩机制，有效促进车辆周转、提升资金使用效率、降低库存积压风险。

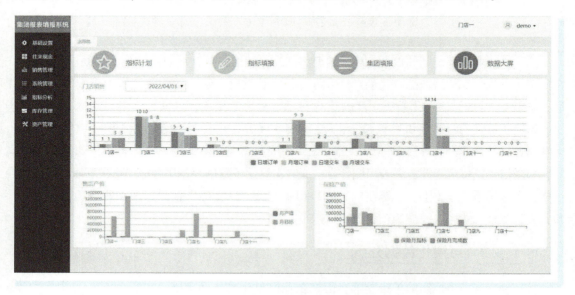

● 图4-26　集团报表填报系统数据总览

除了在新开发的数字化应用中提供数据可视化能力，对于已经构建信息系统的企业来说，如何进一步释放数据价值也是数字化转型中一个非常关键的问题。企业在长期的信息化建设中，已经积累了海量的业务数据，如果能够充分挖掘和利用其中蕴含的商业价值，必将为企业的精细化管理和科学决策提供强有力的数据支撑。所以，基于现有业务系统的数据，使用低代码快速构建数据分析与展示应用，可以帮助 IT 部门盘活数据资产，实现信息化投资保值增值的效果。

微案例 19——陕西省乳品生产企业

该企业一直使用用友 U8+ ERP 进行财务和供应链管理，积累了大量的业务数据。但这些数据分布在系统的不同模块中，由于缺乏有效的分析工具，数据资源长期处于沉睡状态，无法发挥潜在的价值。此外，公司内部还有大量散落在 Excel 表格中的业务数据。受限于 Excel 的功能，这些线下数据难以进行共享和实时更新，也无法与 ERP 系统内的数据有效打通，进而造成了数据的"孤岛"现象。

为了盘活数据资产、提升数据价值，企业引入低代码及嵌入式 BI 技术，并结合自身发展需要定制了专属的"综合数据可视化平台"。借助该平台实现了 ERP 系统数据和 Excel 线下数据的无缝整合，打通了数据流转和应用的"最后一千米"。

在数据应用层面，业务人员可以通过灵活的查询面板实现数据的自助式应用，并可以将分析结果导出为 Excel、Word 等文件，方便后续加工和使用。同时，将各种数据报表和可视化图表嵌入到办公门户中进行集中管理，实现数据的便捷访问，如图 4-27 所示。管理人员在处理日常审批中可以随时查阅关键业务数据，支持科学决策。这种"管理驱动型"的数据应用模式能够让数据融入管理流程中，真正实现业务与数据的深度融合。

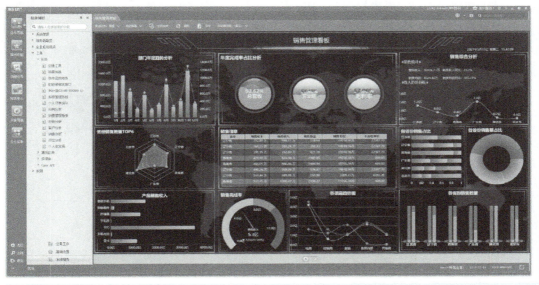

● 图 4-27　嵌入 ERP 的销售管理看板

▶▶ 4.3.4　赋能数据治理

随着业务数字化的不断推进，企业积累数据资产，伴随而来的是一系列数据管理挑战，例如数据质量参差不齐、业务数据隔离、缺乏统一的数据标准等。在此情况下，企业需要逐步开展系统化的数据治理工作，典型步骤如图 4-28 所示。

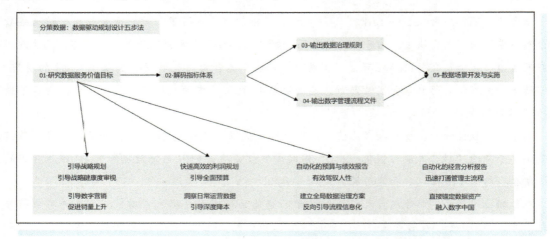

● 图 4-28　数据驱动规划设计五步法

一方面，数据治理可以帮助企业建立规范的数据标准和流程，提升数据的准确性、一致性和可靠性，为业务决策提供高质量的数据支撑。另一方面，数据治理还能够打破组织内部的数据孤岛，促进数据共享和集成，充分释放数据价值，驱动业务创新。

数据治理体系的建设涉及战略、组织、制度、流程、技术等多个维度，需要进行统筹规划和持续建设。低代码主要应用在技术层面，如图 4-29 所示，凭借其可视化、拖拽式的开发方式，

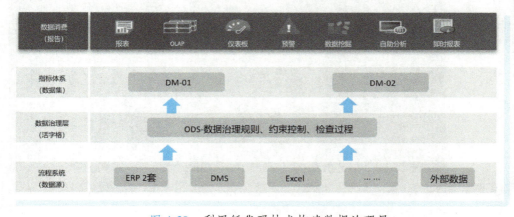

● 图 4-29　利用低代码技术构建数据治理层

能够帮助企业加快数据集成、数据质量、数据应用的构建速度，为数据治理赋能，夯实数字化转型的数据根基。

微案例 20——上海市食品科技企业

尽管企业内部已经制定了预算管理流程，但在实际执行过程中，这一流程的执行并不充分，导致难以确保经营目标的达成。部分环节采用手工数据处理的方式限制了数据分析的深度和精确性，使得企业在识别具体部门、客户或区域的业务偏差时遇到困难，进而影响了提出针对性改进建议的能力。因此，预算管理流程的管理效果并未得到充分发挥。

为进一步优化数据管理和应用，企业着手开展数据治理工作。首先整合了全国范围内的数据资源，包括 ERP、配置系统、营销系统及 Excel 表格中的数据。通过统一的数据标准和梳理口径，建立了集中规范的数据管理体系，并利用低代码技术固化数据治理成果，实现了业务全流程监控。同时，公司成立了专门的管理会计小组，采用通用管理会计模型，对财务数据进行标准化处理和深入分析，将预算结果与分析作为财务管理的核心。借助数据治理分析平台，预算数据采集、分析和报告的效率显著提升，为管理层决策提供了及时、准确和全面的数据支持。

项目完成后，数据治理成效获得内部认可，预算的重视度和权威性得到提升。财务部门与业务部门基于统一数据标准进行多角度分析，推动管理决策回归事实。数字治理平台为管理层提供全局视角，帮助深入洞察运营并指导管理变革。此外，项目成效还本现在关键业务指标的大幅增长：自 2019 年下半年系统上线，系统毛利率从 1% 增长至 10%，股价从 9 元攀升至 60 元，市场对企业的成长性和潜力给予高度评价。

▶▶ 4.3.5　构建数据中台

具体而言，最常见的数据治理项目就是数据中台的搭建。数据中台能够为数据治理提供一个统一的数据采集、存储、计算和服务的平台，从而实现数据全生命周期的管理，是数据治理战略落地的重要载体。

数据中台的建设目标是通过建立统一的数据服务层，打破数据壁垒，实现数据在不同系统、部门之间的共享和复用，提高数据的价值。基于数据中台，组织可以建立统一的数据标准、数据模型和数据质量规范，实现跨系统、跨部门的数据标准一致性，为后续数据分析和应用提供高质量的数据标准。

微案例 21——陕西省某工程科技企业

客户是一家拥有 60 年化工领域工程设计和建设背景的国际化工程公司的直属单位。随着业务的不断拓展和数字化浪潮的到来，公司深刻意识到生产体系数字化应用建设的重要性和紧迫性。公司业务涵盖 30 多个专业，且专业性强，门槛高。对于传统 IT 人员，深入理解每个专业的业务知识需要付出高昂的学习成本。为加速数字化转型，企业探索使用低代码技术自主构建内部业务系统，并开展数据治理工作，建立自主可控的"工程数据中心"。通过引进"集中管控、统一标准、共享共开"的模式，公司借助工程数据中心打通部门间的"数据壁垒"，促进数据在企业内部横向流转、纵向贯通，让分散的数据聚合成生产力，孤立的数据连接成生态链，路线如图 4-30 所示。作为转型的关键抓手，"工程数据中心"不仅仅是一个数据管理平台，更是一个数据服务平台。利用 API 接口、数据服务总线等技术，"工程数据中心"能够高效、准确地分发经过治理的高质量数据到各个业务应用，从而推动数据驱动的业务创新与流程优化。

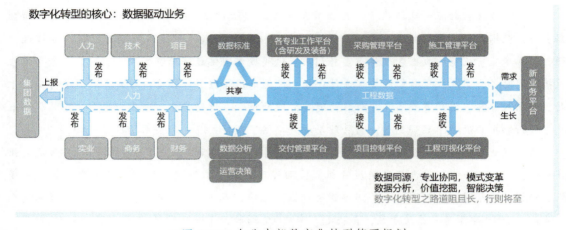

● 图 4-30　企业内部数字化转型简要规划

除了在数据分析和呈现层面的应用，数据中台还能为数字化应用开发提供助力。这种做法一方面可以进一步降低低代码软件开发的工作量和技术风险，另一方面也能通过面向业务人员的数字化应用来提升技术性较强的数据中台项目的参与感和获得感。在技术层面，将数据中台进行扩充，形成面向创新型应用开发的数据服务平台是一种高效且实用的策略。这种方法不仅能够迅速搭建起新的应用系统，以适应不断变化的市场需求，还能确保现有系统资产得到最大化利用，避免资源的浪费。同时，通过整合和挖掘历史数据，企业能够发现新的业务洞察和创新点，从而为数字化转型注入新的动力。此外，低代码技术还有效降低了技术门槛，让更多的人员参与到数字化系统的建设和优化中来，大大减轻了数字化转型过程中的技术负担，提高了整体项目的实施效率。总之，这种策略不仅优化了企业的 IT 架构，还提升了数据驱动决策的能力，为企业的长期发展奠定了坚实的技术基础。

微案例 22——上海市商业地产集团

客户是一家业务涵盖地产开发、建筑装饰装修、商业运营及业务管理的全国化品牌地产开发集团，总部位于上海。在数字化转型的浪潮中，集团对其信息化战略进行了重大调整，希望通过构建"景瑞数字平台"来实现企业数字化转型的关键使命。

公司在数字化转型实施上，注重基础服务保障，以低成本高效能策略打造创新型信息系统，解决业务管理难题，提升组织协同效率，推动企业数字化进程。通过采用低代码技术快速搭建"景瑞数字平台"，实现与 OA、金蝶、钉钉等系统的集成，并在此基础上开发新的业务应用为业务赋能，架构如图 4-31 所示。低代码技术改变了 IT 团队的工作方式，简化了开发流程，提高了响应速度和质量，减少了对 IT 团队规模和技能的依赖，实现技术自主和成本控制。同时，自主研发增强了 IT 部门在组织中的地位和影响力。数字平台的建立标志着公司在数字化转型道路上取得了实质性进展。

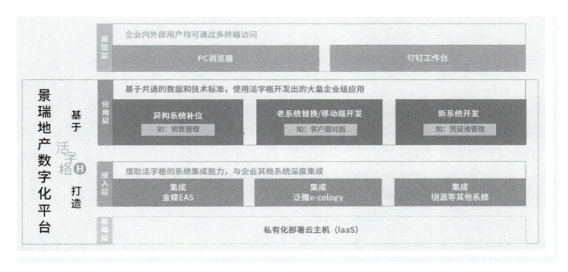

● 图 4-31　景瑞地产数字化平台系统架构

▶▶ 4.3.6　数据价值创新

上述应用场景，是围绕着数据的采集、流转与使用展开的。但随着信息技术的不断发展和业务需求的日益复杂化，一种名为数据型应用的新形态正在逐渐成为数字化创新的热点方向。

传统的软件应用主要侧重于业务数据的录入、存储、查询以及业务流程的自动化，但数据处理和分析能力方面相对有限，尤其是对历史数据的分析及价值挖掘。相比之下，数据型应用则展现出了更为强大的数据处理和分析实力。它不仅关注数据的录入和存储，更聚焦于数据特征的提取、业务模型的构建，以及从数据中挖掘潜在的商业价值。更重要的是，数据型应用能够基于不断更新的业务数据，对模型进行持续的优化和精进，确保决策支持的准确性和时效性。两者的直观对比，请见图 4-32。

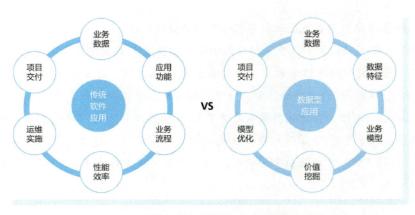

● 图 4-32　数据型应用与传统软件应用的差异

　　在数据型应用中往往会涉及数据统计和数据推理。数据统计和数据挖掘推理分析是两个紧密相连但又有所区别的领域。它们各自侧重于不同的方面。数据统计主要关注对数据的描述性分析，即通过对数据进行汇总、计算、对比和可视化呈现来揭示数据的特征和趋势。例如，指标汇总通常是将各个数据源中的数据按照特定的维度（如时间、地区、产品等）进行汇总，以形成更宏观的统计数据。指标对比则是将不同时间、地区或条件下的指标值进行对比，以发现差异和趋势。数据统计的方法能够帮助我们快速了解数据的整体情况，为后续的数据分析和决策提供依据。而数据挖掘与推理分析则与之不同。数据挖掘与推理分析会侧重于对数据之间内在联系和潜在规律的探索，并进一步扩展到对未来的预测。数据应用的各维度关系如图 4-33 所示。

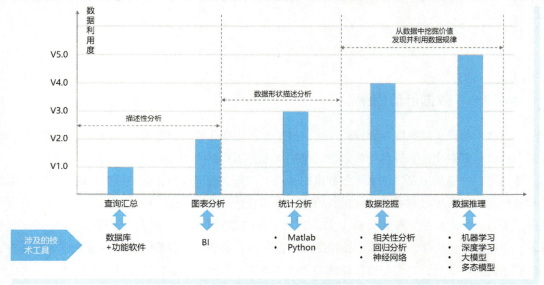

● 图 4-33　数据应用的不同维度的关系

例如，数据密度分析主要用于评估数据中不同特征或变量的重要性，以及它们对整体数据分布的影响；数据分布分析主要研究数据在各个维度上的分布情况，如正态分布、偏态分布等，用以了解数据的稳定性和变异性。推理假设验证是根据已有的数据和信息，提出合理的假设，并通过数据分析方法来验证这些假设的合理性。数据回归分析主要研究一个或多个自变量与因变量之间的数据关系，用以建立预测模型或解释现象。此外，还有一类专门的数据推理模型。例如，时间序列分析、机器学习算法等，它们能够基于历史数据对未来进行预测，为决策提供更加前瞻性的支持。

一个数据型应用通常涵盖数据采集、数据预处理、数据挖掘、应用建模以及数据可视化等几个核心环节。在数据采集阶段，利用低代码技术，可以便捷地连接到多样化的数据源，包括但不限于各种类型的数据库、ERP 系统、CRM 系统等，从而有效地获取和整理所需的数据。进入数据预处理阶段，低代码平台则能够辅助完成数据清洗、数据分类、数据转换以及数据格式化等一系列工作，确保为后续的数据挖掘过程提供干净、准确的数据集，如图 4-34 所示。

● 图 4-34　低代码技术在数据型应用中的作用

当然，低代码技术的应用还远不止此，它还可以被应用于算法模型的管理。借助低代码开发平台，我们可以轻松构建模型管理页面，方便用户上传和配置已生成的模型文件，打造自己的模型管理平台，如图 4-35 所示。在此期间，用户仅需要通过简单的信息填写，如选择算法类型、设定模型版本等步骤，就可以实现对模型的线上化管理。当面对多样化的应用场景时，模型管理平台还可以提供分类管理、绑定及派发功能。低代码平台通过提供可视化的界面和拖拽式的操作方法，有效地降低了算法模型管理的开发门槛，即使是非专业的开发人员，也能够快速上手并对模型进行管理。

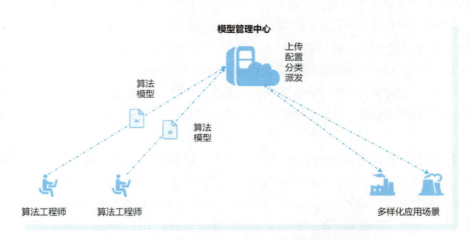

● 图 4-35　借助低代码技术构建模型管理平台

4.4　小结

让我们再回到低代码与数字化成熟度等级的这个话题上来。

低代码技术作为推动力，与数字化成熟度模型的各个阶段紧密相连，共同促进了组织的数字化转型进程。不论是数字化转型成熟度还是数据能力管理成熟度，有一些关键动作是相通的。我们以数据能力管理成熟度模型为例：

- 初始级→受管理级：处于初始级的组织往往缺乏有效的数据管理和流程控制。低代码技术能够帮助组织从无序的、反应式的管理方式转变为有流程、有管理的状态。借助低代码平台，组织可以快速实现流程的自动化和标准化，实现从无序到有序的转变，为进入受管理级打下基础。

- 受管理级→稳健级：进入受管理级，组织开始关注流程的标准化和效率提升，需要建立标准化的操作流程和政策。低代码平台提供的可视化开发和工作流引擎，使得组织能够轻松地设计和实施标准化操作流程，从而提升管理效率，确保业务活动的有序进行。与传统的标准化软件相比，低代码技术更能满足业务需求的个性化，确保组织战略在执行层面的一致性。

- 稳健级→量化管理级：进入量化级阶段，组织开始依赖数据分析来驱动决策。低代码技术可以集成数据分析工具，帮助收集和分析关键业务数据，从而实现量化管理，为决策提供数据支持。

- 最后，在优化级，组织致力于持续改进和创新。低代码平台提供的敏捷性和灵活性使得组织能够快速适应市场变化，不断优化产品和服务。通过低代码技术实现应用的快速迭代和新业务模型的实验，从而在数字化成熟度的最高级别上保持竞争优势。

由此可以看出，低代码技术不仅与数字化转型成熟度模型的各个阶段相契合，而且在推动企业从低成熟度到高成熟度演进的过程中扮演了关键角色，能够助力企业实现全面的数字化转型。

第5章

低代码应用的七大管理挑战

▶▶▶▶▶▶

低代码技术作为一种新兴的软件开发方法，其本质是对传统开发模式的变革。企业开展低代码技术应用是一个复杂且持续的过程，并非一蹴而就的事情。作为变革管理领域内最知名和受尊敬的学者之一，约翰·科特（John P. Kotter）在其著作《领导变革》中，精辟地总结了组织在实施变革过程中常常遭遇的几个关键误区。在推进低代码落地的过程中，组织可能会遇到各种挑战，而科特的变革理论为我们提供了深刻的洞见和指导。

5.1 安于现状？未能消除自满情绪

在低代码应用的过程中，组织最常遭遇的挑战之一便是在内部尚未形成足够紧迫感的情况下便急于启动变革。因此在变革的过程中，推动者往往会面临以下几个误区：

- **认知一致性缺失**：组织内部未能就当前内外部环境的认知达成一致。缺乏对外部市场的洞察、竞争对手的动态以及技术进步的了解，同时员工过于依赖过去的成功经验，可能会产生一定的错觉，认为现有做法已经足够优秀，无须进行变革。
- **对变革复杂性的忽视**：变革推动者未能充分预估到变革过程中可能遇到的复杂性和阻力，高估了自身推动组织变革的能力。
- **变革愿景传递不明确**：在变革实施的过程中，未能清晰地表达变革的愿景、目标和重要性，导致员工对变革的目的和路径感到迷茫和困惑。
- **舒适区挑战的低估**：忽视了长期形成的习惯和流程对员工行为的影响，低估了人们离开舒适区的难度。同时，自满情绪也会使得员工对改变既有工作方式持有保留态度。
- **抵触情绪的未预见**：在变革实施的过程中，推动者可能未能预见其行为和方法会在不经意间引发抵触，这种抵触无意中加强了自满情绪，使得现状更加难以改变。

在推进低代码应用的过程中，组织往往会面临类似的挑战。长期使用传统开发模式的企业可能对现有的工作流程和工具产生依赖，如只为少数关键业务提供软件支持，其他场景则放任使用Excel 管理财务数据、靠微信群沟通审批进度等。这种依赖使得员工在接纳和适应新技术时需要一定的过渡期，从而可能对采用低代码平台扩大数字化应用的广度产生抵触。这种抵触通常源于对长期工作习惯的改变，而这一改变的难度常常会被低估，忽视了员工适应新技术所需的过程。

为了能够正确认识变革的复杂性并消除自满情绪，组织需要采取一系列措施。首先，我们需要通过市场分析和竞争情报，增强企业内部团队对外部环境的认知，认识到外界数字化转型的推进进展以及因此获得的竞争优势或通过引入低代码带来的成本降低和交付速度提升，帮助团队建立变革的紧迫感。其次，识别并突破对过去成功经验的过度依赖，鼓励员工展望未来，认识到低代码技术带来的机会，比如更多的项目，以及更多从一线开发升级为项目负责人的机会。此外，组织应从管理层出发，提供明确、清晰的变革愿景，将低代码技术融入组织数字化战略，并与员工共同制定实现该战略目标的具体步骤。

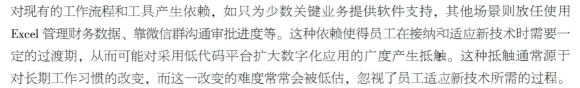

5.2 从下往上？未能创建足够强大的领导联盟

采用低代码替代编码开发或项目外包，对于大多数企业而言，远不止是一次简单的技术或工具的升级。它往往与企业深层次的数字化转型紧密相连，这就意味着，对于企业而言，低代码的全面应用在本质上是一次组织的变革。这种变革会触及企业的多个层面，从技术人员的技能转变，到业务人员的新式协作关系，再到对内外数字化业务的支撑，每个环节都要求组织内部在实施之前尽可能地达成共识，以便有效地协调和分配各种资源。

涉及的岗位和部门越多，构建一个强有力的领导联盟就变得尤为重要。正如约翰·科特在《领导变革》一书中所强调的，没有组织领导层的积极支持和其他领导人的联合指导，实施重大变革几乎是不可能的。低代码不仅要求技术团队对技能进行更新，也有可能涉及业务部门的职能扩展和决策权的重新分配。这些变化都需要领导层的明确方向和坚定的支持。领导联盟的支持带来的正面价值主要体现在以下几个层面：

从技术层面上来讲，低代码技术的引入意味着技术人员需要从传统的编码习惯转向使用可视化工具和模型驱动的开发模式。这种转变不仅要求技术人员重新学习和适应，还可能引发技术人员对岗位定级的担忧，唯恐引入了看上去技术门槛更低的技术会削弱自身在组织内的竞争力和薪资待遇，从而形成对低代码技术的抵触情绪。在此过程中，领导联盟的作用在于从管理层面为技术人员提供清晰的指导，明确成果导向和成本导向的绩效评定方式，将待遇和成果而不是技术手段挂钩，并以此鼓励编码开发人员向低代码转型，提升开发团队的整体人效。

从业务应用的层面上来讲，低代码技术极大地促进了业务与 IT 的融合，使得业务人员能够更加直接地参与到数字化应用的调研与设计过程中。这种融合往往会带来岗位职能的扩充和部门协作的增强。这种跨部门的协作模式对员工的协同作业能力提出了更高要求的同时，也需要组织架构层面为跨部门协作提供极致保障。在项目实践中，包含有业务线负责人和IT负责人的领导联盟的重要性凸显，确保业务部门和IT部门能够有效沟通，协同推动各项任务的顺利进行。

对于客户体验优化等外部数字化业务场景，低代码技术提供了快速响应市场变化的能力。为了充分发挥这一优势，领导联盟需要推动组织架构的变革，例如建立数字化部门或客户体验中心，以便更好地支撑外部的数字化需求。

在业务数字化改造等内部管理型业务场景中，低代码技术的应用有助于打破信息孤岛，重塑业务流程和协作方式。这种类型的项目绝不是简单将线下的业务搬到线上，而是以此为契机推动业务流程的持续优化与改进。领导联盟可以确保转型项目得到足够的重视和优先级，并帮助项目团队跨越部门界限，协调不同部门之间的利益和目标，确保整个组织的一致性。他们的支持和引领不仅为变革提供了必要的动力，也为员工树立了榜样，确保了变革的顺利进行和低代码技术价值的最大化发挥。

微案例23——陕西省某工程科技企业

为确保数字化转型工作的持续、高效与稳健推进，公司在引进低代码技术之后专门组建了一支"数字化虚拟小组"。该小组是一个跨部门、跨专业的精英团队，汇聚了来自公司内5个部门、7~8个专业的优秀人才，成为数字化创新的先锋力量。在团队的共同努力下，低代码技术在公司内部得到了有效应用，并迅速取得了显著成效。在此基础上，公司制定了以"数据驱动业务"为核心的转型规划。通过数据同源、专业协同、模式变革的方式来推动数字化转型升级，并着手构建企业级数字中台。在"数字化虚拟小组"的带动下，业务部门对低代码技术也产生了浓厚的兴趣，积极主动学习这一新技术，并着手构建适用于本专业的专属平台，形成了"全员参与、全员创新"的积极局面。无疑，"数字化虚拟小组"的建立对于推动转型工作发挥了至关重要的作用。

全面引入低代码对于企业来说是一次全方位的组织变革。它要求组织在技术、业务和管理等多个层面进行深入的调整和优化。在此过程中，一个强有力的领导联盟是确保转型顺利实施的关键，它为组织提供了清晰的愿景、坚定的支持、有效协同和持续的动力，最终推动企业在数字化转型中稳健前行。

5.3 着眼当下？低估了愿景和沟通的力量

在当今快节奏的商业环境中，企业往往容易陷入短视的陷阱。过分关注眼前的挑战和日常的运营，而忽视了长远规划和愿景的力量。然而，这种倾向可能会低估愿景和沟通在低代码落地

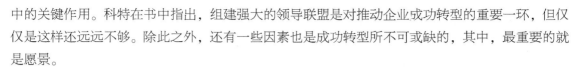

中的关键作用。科特在书中指出,组建强大的领导联盟是对推动企业成功转型的重要一环,但仅仅是这样还远远不够。除此之外,还有一些因素也是成功转型所不可或缺的,其中,最重要的就是愿景。

科特强调,在变革过程中,一个恰当的愿景扮演着至关重要的角色。它不仅为大多数人提供了行动的指导、协同的框架,还激发了他们的参与热情。缺乏明确愿景的转型,往往会导致一系列无序、不协调且耗时的工作,要么偏离正确的方向,要么根本不知何去何从。一个有效的愿景应当具备清晰性、明确性和合理性。在开展低代码应用落地工作的过程中,企业也需要制定清晰、明确且可行的转型愿景。

转型的愿景应当简洁明了,使每位员工都能迅速把握组织所追求的未来状态及其价值所在。它应当具体而明确,避免含糊其辞,确保组织成员对目标有共同的理解。此外,愿景不仅要振奋人心,还必须切实可行,基于组织的实际情况和资源能力,能够分阶段逐步实现。

一个恰当的愿景为低代码落地提供了明确的方向,确保技术投资与业务目标的一致性,避免资源的无效投入和方向的偏差。比如低代码平台的一个主要优势是它能够打破部门间的壁垒、促进协作,组织希望以此强化业务部门在数字化建设中的主导地位,降低 IT 与业务不匹配的风险。组织就可以将"业务主导、IT 支撑"作为低代码应用的愿景。这种明确的转型愿景有助于凝聚团队共识,统一员工的思想和行动,促进不同部门间的协作,并减少内部摩擦。同时,一个鼓舞人心的愿景能够唤起员工的热情与创造力,让他们在变革中找到自己的定位,认识到工作的意义和价值。

然而,仅有愿景尚不足够。制定清晰的愿景并将其有效沟通至每位员工同样关键。一个再完美的愿景,如果无法被正确传达和理解,也难以发挥其应有的作用。有效的沟通策略能够确保愿景从高层到基层的一致性,这不仅包括愿景的传达,还包括对愿景背后逻辑和价值的阐述,以及如何将愿景转化为日常工作和行为的指导。有效的沟通能够帮助每个层级的员工对企业开展低代码实践的目标有清晰的认识,从而确保愿景被员工广泛接受并转化为具体行动。比如我们需要帮助 IT 技术人员理解为何要将主导权让渡给业务团队,摆正"支撑者"的定位和职责,才能确保他们可以与来自业务部门的数字化专家搞好协作;我们还需要帮助参与数字化转型的业务骨干理解如何在缺少计算机专业教育的基础上学习主导数字化建设的知识和技能,以提振信心。

言传还要身教。有效的沟通要建立在领导言行一致的基础上,而行动往往比语言更有说服力。在低代码应用的过程中,领导联盟必须通过一致的语言和行动(包含但不限于会议发言、绩效评估、奖励措施等)来展示对愿景的承诺,以建立信任并激励员工跟随。

当组织中的每个人都能够将愿景融入自己的工作中,并且在决策和行动上保持一致时,转型的力量才能真正显现。这种一致性不仅在大战略决策中体现,也渗透到日常的运营和管理工作中。

5.4 闷头做事？没有及时清除变革的组织管理障碍

在转型的过程中，企业往往会遇到员工"闷头做事"，专注于手头的任务而忽视了转型大局的现象。这种现象可能导致组织管理上的障碍得不到及时清除，进而影响转型的整体效率和成效。

出现这种情况的直接原因可能有几种。首先，员工可能对变革的必要性缺乏足够的认识，或者对变革的目标和路径理解不深，导致他们更倾向于维持现状，继续用传统的方式工作。其次，长期以来的工作习惯和思维模式使得员工在面对新技术和新流程时感到不适应，担心新技术的普适性和对未来就业的影响。因此他们会优先选择专注于自己熟悉的领域，避免面对变革带来的不确定性和挑战。此外，员工可能对管理层的变革意图持怀疑态度，担心变革是为了消减成本或裁员，甚至并不希望转型取得成功。但是，大部分问题都可以归结到管理层面，即管理层与员工之间的沟通不畅导致的误解和不满。如果这些障碍不被及时识别和清除，将会成为转型路上的绊脚石，阻碍低代码战略的顺利实施。

微案例24——湖北省某信息化服务商

在转型到低代码之前，公司采用编码开发加开发人力外包的形式为客户交付定制化软件项目。接到项目后，公司内部的产品经理团队负责将其细化为设计文档，然后交给内部或外部的开发人员采用编码进行开发。除非特殊情况，开发团队会严格按照产品经理的业务逻辑设计和用户体验设计完成开发工作。随着外界形势的变化，公司发现原有的项目交付模式已经很难在市场上获得差异化竞争优势。为了进一步降低软件交付成本，公司决定引入低代码进行转型。在转型到低代码开发的初期，公司的开发团队在低代码厂商的帮助下完成了技能培训，但是在项目实践中却遭遇了一系列的问题，集中表现为项目开发效率远不及其他采用同款低代码的友商。公司发现开发团队耗费大量时间精力，利用低代码的前端编程接口"像素级"地去实现产品经理提出的用户体验设计。深入调研发现，低代码平台内置了一套页面元素样式与交互体验，站在企业客户的角度上，这套体验方案完全可以满足客户的需求。但是分属两个团队的产品经理对此并不清楚，依然按照原有习惯进行设计；开发人员也按照原有习惯尽力实现设计方案。这种做法显然是违背了低代码"成本导向"价值主张的，与公司引入低代码的初衷也是背道而驰。为此，公司将产品经理团队与开发团队进行整合，改造两个角色之间的协作方式，促使大家基于低代码平台的特点打造效果与成本均衡的软件项目。走过这一段弯路后，公司的交付效率得到了大幅提升。

通过以下步骤可以有助于清除转型过程中组织所面临的管理障碍：

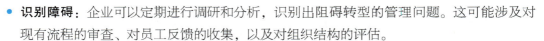

- **识别障碍**：企业可以定期进行调研和分析，识别出阻碍转型的管理问题。这可能涉及对现有流程的审查、对员工反馈的收集，以及对组织结构的评估。
- **沟通与教育**：一旦识别出障碍，企业就需要通过有效的沟通策略，向员工传达变革的重要性和紧迫性，同时提供必要的教育和培训，帮助他们理解并适应新的工作方式。
- **调整和优化**：针对识别出的管理障碍，企业需要调整和优化现有的规章制度、流程和文化，确保它们与低代码应用相匹配。
- **持续监控**：清除障碍不是一次性的活动，而是一个持续的过程。企业需要建立监控机制，持续跟踪管理障碍的清除情况，以及新障碍的出现并迅速做出响应。
- **强化领导力**：在清除组织管理障碍的过程中，领导力发挥着至关重要的作用。领导联盟需要展现出坚定的决心，带头推动变革，并为员工树立榜样。

5.5 厚积薄发？没有创建一个又一个短期胜利

部分组织在开展转型工作时，期望先做大量准备工作，确保后续各环节经深思熟虑与精心规划，以实现"厚积薄发"。他们认为，长时间的准备和积累能够有效识别并规避潜在风险，避免在转型过程中出现重大失误。

然而，"厚积薄发"的策略虽有合理性，但也可能带来延迟回报、缺乏动力、风险管理不足、资源浪费等问题。举例来说，长期积累而无短期成果可能会导致投资回报周期延长，降低利益相关者对转型项目的信心和耐心；团队成员因看不到即时的成果而感到沮丧和疲惫，影响工作的积极性和创新精神；缺乏短期胜利可能会使整个转型项目的有效性受到质疑，增加转型过程中的阻力和反对声音。同时，长时间积累可能会掩盖组织内潜在的问题和风险，待发现时已经难以挽回；若转型项目在初期无明显成效，可能会造成资源的浪费，包括时间、金钱和人力。而且，长时间不展示成果可能导致组织无法及时适应市场变化，错失商机。

因此，组织在开展转型工作时，要重视短期成果。通过实现一系列小的成功，让团队成员和管理层看到变革的积极成果，进而增强他们对转型工作的信心，让他们创造短期胜利的好处是多方面的，从团队角度看，短期胜利可以为团队提供持续的动力，让员工保持积极的态度，继续推动变革向前发展。同时，通过展示变革的积极影响，也可以减少员工的抵抗情绪，使他们更容易接受新的工作方式。从风险管理的角度看，通过分阶段实现目标可以更好地管理风险，及时调整策略，避免大规模的失败。此外，通过短期胜利也能够帮助验证变革策略的有效性，为未来的决策提供依据。

那么，什么样的成果适合作为"短期胜利"呢？科特在《领导变革》中指出，短期的胜利成果必须是清晰明显的，不能模棱两可，太多细微的成果和差一点就能实现的成果都没有意义。

一个好的短期成果至少包含以下三个特点：

- **可见性**：大家可以亲眼看到这是真实的成果还是夸大的宣传。
- **明确性**：这一成果应该无可争议。
- **相关性**：短期的胜利和最终目标密切相关。

既然我们已经清楚转型中设定短期胜利的意义，那么在实际开展转型工作时，如何创造短期胜利？以下是一些建议的方法：

- **设定短期目标**：将转型项目分解为一系列小且可实现的短期目标，确保定期有可见的进展和里程碑，这样可以更快地展示成果，增强团队的信心。
- **敏捷方法论**：采用敏捷开发的方法，快速构建原型和最小可行产品（MVP），并根据反馈进行迭代。这样做的好处是组织可以始终保持对外部环境变化的敏感性，及时调整策略。同时，通过小规模的试点项目来测试和验证概念，能降低整体风险。
- **透明沟通**：保持项目进度的透明性，定期与团队成员和利益相关者沟通，确保每个人都了解最新的进展和成果。这样做的好处是能够确保利益相关者对转型过程的理解和支持。同时，组织也可以根据转型项目的实际进展和需求灵活调整资源分配，避免不必要的浪费。
- **持续学习和适应**：在转型过程中，持续学习和适应能力不可或缺。鼓励团队成员从每次迭代中汲取经验教训，并根据反馈快速调整策略是一个非常好的方法。同时，可组织开展分享活动，让成员们交流在转型过程中的成功实践，将这些宝贵经验转化为有效的组织过程资产，为后续的转型工作提供有力支撑。
- **庆祝成功**：就像电视剧《繁花》中汪小姐挂在嘴边的台词"经常庆功，就能成功"。对每个短期目标的达成进行庆祝意义重大。庆祝活动可以是一次简单的团队聚餐、一次表彰大会或是一份小小的奖励。通过庆祝成功，能够让团队成员切实感受到自己的努力得到了认可和回报，从而极大地提升团队士气，同时，也能让成员们清楚认识到自己在转型工作中的价值和重要性，增强他们的归属感和责任感。此外，这种积极的氛围也会激发团队成员更努力地投入到后续的工作中，为实现下一个短期目标奠定坚实的基础。

微案例25——福建省电机制造企业

为打造符合企业特色的定制化 MES 系统，公司引入低代码技术，并组建了一支先锋团队来推进相关开发任务。该 MES 系统共规划了 8 个核心模块，覆盖了质量过程管理、信息精准投放、追溯查询、设备维护、装配流程以及工艺防呆（通过一些手段防止操作人员在工艺执行过程中出现错误）等关键业务。为了确保风险可控并贴合企业实际业务需求，首期项目优先选择了 5 个模块进行深入开发。

在首期项目目标顺利达成后，团队对阶段性成果进行了全面展示，赢得了企业内部的广泛认可。与此同时，团队并未止步，而是开展了深入的复盘总结工作，对上一阶段的工作进行了细致的分析和总结，提炼出成功的经验与教训，为后续项目的顺利推进奠定了坚实的基础。

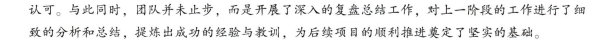

5.6 速战速决？过早地宣告胜利

低代码技术为开发团队带来的生产力提升幅度远超以往的开发工具甚至 AIGC 服务，节约成本、缩短周期的效果很快显现。随着首批项目的快速交付，领导联盟通常会倾向于直接宣告低代码应用甚至数字化转型的胜利，甚至将其视为数字化转型的终点。但现实却并非如此。低代码的背后是全方位的变革，只有把这些变革全部落地，才能长期持续地发挥出低代码技术的真正价值，这些变革有：

- **组织文化变革**：低代码应用可能会涉及企业文化的转变，从传统 IT 主导的开发模式转变为业务主导的快速迭代模式。在传统的软件开发中，IT 部门通常负责所有的技术决策，业务部门的需求需要通过 IT 部门来实施。但随着低代码技术的兴起，低代码开发平台赋予了业务用户直接参与需求分析、方案设计甚至原型开发的能力，这一变化意味着业务部门真正有机会参与到技术决策中，从而确保技术选择能够快速响应市场变化。

- **技能要求的变化**：在传统的软件开发环境中，IT 人员通常需要具备深厚的编程、系统架构和数据库管理等专业技能，至于其他技能则无暇兼顾。但低代码技术简化了开发过程，减少了对于深层次技术知识的需求。这就意味着员工能够从专注于开发技能转变为更加注重对业务的理解和解决问题的能力。在微型项目组的架构下，开发人员更容易成长为"多面手"，能够理解业务目标和挑战，以便在低代码平台上设计和定制出能够满足特定业务需求的应用；具备分析问题的能力，能够识别流程中的瓶颈，并设计解决方案；能够快速适应变化，灵活地调整应用以应对新的业务挑战。与此相对应的是，业务分析师、产品经理的职能也会发生一些变化。例如对于业务分析师来说，他们不仅仅是需求的收集者，同时也可以直接在平台上构建原型和解决方案；产品经理也可以与业务和技术团队形成更紧密的合作，确保应用开发与业务战略保持一致。同时，他们也需要掌握如何利用低代码开发平台快速迭代产品，以适应市场变化。甚至对于一线业务员工来说，由于他们长期直接接触业务操作，因此其 Know-How 对于应用开发至关重要。低代码技术的出现能够使他们参与到应用设计和改进中，让应用更加贴合业务发展的需求。

- **IT 和业务协作**：低代码平台提供了一种更直观的方式来表达和实现业务需求，这有助于 IT 和业务部门之间建立共同的语言和理解。业务用户可以直接看到应用开发的过程，而 IT 部门也能更清楚地了解业务需求。同时，基于低代码技术更容易形成跨部门的工作团队，这些团队可以由 IT 专业人员和业务数字化专家组成，通过协作的方式来实现应用及方案的快速交付。当双方都致力于实现业务目标时，也能够有效消除技术与业务之间的鸿沟。

- **决策流程的改变**：使用低代码技术能够快速构建和测试应用原型，从而能够即时获得反馈，加速决策过程。上线后，开发人员还能利用低代码平台对数字化应用进行快速迭代，实现真正意义上的"敏捷"。更快的交付节奏，使得决策不再是单次性的活动，而是一个持续改进的过程。这一点对于创新型数字化应用尤为重要。

由此可见，低代码涉及面极广，涵盖技术、组织运作、文化、结构以及战略规划等多方面。鉴于此，在推动低代码应用落地期间，若急于宣布成功或秉持"速战速决"的策略，很可能会给转型的深入推进造成不利影响，具体可能体现在以下几个方面：

- **速战速决的心态**：追求速成的心态可能导致组织在利用低代码技术时，过分关注快速开发和上线的短期成效。低代码平台确实显著提高了开发效率，使得企业能够迅速构建并部署应用程序，这无疑是一个非常重要的里程碑，展示了低代码技术在解决实际业务问题方面的实力。但仅仅以此作为转型成功的标志，可能不够全面。这种心态忽略了转型的深远影响和持续优化的必要性，可能会限制低代码技术更深层次价值的挖掘。

- **表面化的变革**：当组织过早宣布胜利时，可能仅仅实现了技术层面的改变，而没有触入业务流程、员工技能和思维模式等更深层次的转型。低代码的转型工作往往和数字化转型密不可分，在使用低代码技术构建数字化应用的时候，我们可能会涉及业务流程的改善、员工技能的提升、思维方式的改变等，如果企业过早宣布转型成功，可能只是完成了最容易实现的"面子工程"，而忽略了深层次的、更为关键的变革。

- **缺乏持续改进**：低代码技术为组织带来了构建数字化应用的快捷途径，其核心优势在于能够迅速实现应用的上线，并在业务实践中持续优化。数字化应用的本质要求是与业务流程紧密融合，并通过不断的迭代来提升效率和用户体验。传统的软件开发周期较长，往往难以满足企业对敏感性和灵活性的需求，从而阻碍了精益管理的实现。低代码平台的引入，恰好填补了这一空白，使得组织能够更加敏捷地进行系统开发和优化。如果仅仅将系统上线视为转型的终点，我们可能会陷入一种过早的满足感。这种心态忽视了数字化转型的本质——持续改进，可能导致在达到初步目标后，停止对现有解决方案的深入探索和创新。

- **资源的重新分配**：在宣布转型成功后，管理层可能会将资源和注意力转移到其他看似更为紧迫或吸引人的项目上。低代码平台的潜力需要时间和资源的持续投入才能完全发挥，包括对平台的进一步开发、对员工的培训和教育，以及对新场景的探索和应用。如果这些后续工作缺乏必要的支持，低代码带来的数字化应用和方法论可能会逐步退化，甚至最终导致数字化转型的失败。

5.7 高唱凯歌？忽视将变革融入组织文化

不少人觉得将低代码上升到组织文化的层面有些言过其实，然而事实并非这般。尽管低代码应用乍看之下主要是技术层面的变革，但实则它深刻影响着组织结构、工作流程以及文化。举例来说，低代码技术的出现会进一步促进跨部门的协作，这就可能会使组织向更扁平化、去中心化的组织结构转变，以适应更快速的信息流通和团队合作；再比如，低代码技术的成果导向与成本导向的价值主张，会重塑 IT 技术团队对技术和成本的平衡，为业务部门提供更高性价比的数字化应用；还有，低代码技术的敏捷迭代特性要求组织能够快速响应变化，这就意味着组织需要培养持续学习和改进的文化，鼓励员工不断探索和创新。在探索的过程中失败是在所难免的，那么在组织文化中就需要将失败视为学习和成长的机会，而不是惩罚的依据。

如果低代码不能融入文化中，可能会出现以下问题：

- **形成隐性阻力**：员工可能习惯了旧有的工作方式，对新技术、新主张的接受程度有限。这种思维模式会导致他们对低代码平台持怀疑态度，认为它可能会破坏现有工作流程或降低工作的技术性。这种担忧可能会导致他们在潜意识中抵触低代码平台或基于低代码技术形成的前后端开发与项目管理方式，形成一种不易察觉但实际存在的阻力。

- **缺乏内在动力**：员工可能会被动地接受低代码技术，仅仅将其视为一项新的工作任务，而不是一个提升个人能力和工作效率的机会。如果员工不认为持续改进和创新是组织文化的一部分，那么就不会有足够动力去探索和利用这些工具，也不会积极参与到数字化应用的持续改善和优化中，进而影响低代码技术价值的进一步发挥。

- **持续创新受阻**：敏捷迭代是低代码平台的核心优势之一，但对于员工来说，如果缺乏鼓励创新文化，他们就会担心失败或不受支持，即便拥有低代码这种高生产力工具，仍然不敢主动尝试新方法与新技术，那么这种氛围也会进一步限制低代码平台潜在创新能力的发挥。

正如科特所说，只有当变革融入我们做事的方式当中，渗透到组织、部门和员工的血液中，变革才能真正巩固下来，低代码技术的优势才能得到长期、持续的发挥与放大。

5.8 小结

低代码并非简单的技术更新，同时也会涉及组织文化、工作流程、员工技能以及思维方式的全方位改变。在这个过程中，组织需要时间和耐心，以及对变革管理原则的深刻理解。

除此之外，找到合适的转型路径，并制定清晰的计划逐步推进，是成功转型的关键。借鉴约翰·科特的变革理论，组织可以通过制定清晰的变革策略，明确转型的路径、里程碑和预期成果。这样才能在稳步推进的同时，确保低代码应用和数字化转型的长期成功。

5.9　第 2 部分总结

在第 2 部分中，我们深入讨论了市面上常见的成熟度等级模型，并通过具体案例分析展示了低代码技术在业务和数据视角下为组织带来的价值。同时，我们也分析了不同成熟度等级下，组织应关注的关键领域，以及如何利用低代码技术来推动这一过程。此外，鉴于低代码技术与数字化转型紧密枑连，我们深入剖析了在开展低代码落地实践中可能会面临挑战以及应对的策略，希望能够为组织顺利推进转型提供指导和帮助。

在接下来的章节中，我们将重点阐述如何通过专业、可行的规划以及灵活、高效的行动，确保转型工作按照计划推进，并实现预期的成效，从而加快数字化转型的步伐。

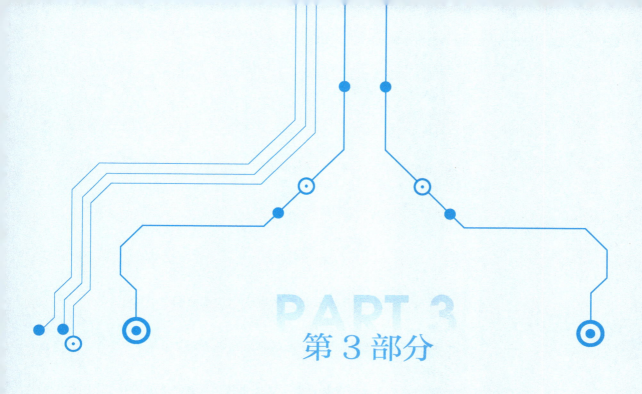

第 3 部分

低代码技术应用路线图

　　凡事预则立，不预则废。在充分认识到向低代码应用落地的挑战后，您需要更全面地考虑在转型过程中充分利用低代码技术"成果导向、成本导向"的价值主张，通过专业、可行的规划，灵活、高效的行动，确保转型工作按照预期进行，并最终取得其应有的成果，加速数字化转型升级。

　　综合多方经验，我们整理出了一条包含组织、技术、协作等内容的转型路线图。路线图覆盖了低代码的立项、调研、选品、评估、实践、规范和推广七大关键动作。

- 立项：将低代码融入数字化战略，正式启动低代码项目。
- 调研：调查组织的数字化现状，对齐关于低代码的期望。
- 选品：从需求和现状出发，遴选出待评估的低代码产品清单。
- 评估：利用打分表快速筛选，针对技术场景做好原型验证。
- 实践：组建先行者团队，完成标杆项目的实战验证。
- 推广：培养更多低代码开发人员，交付更多低代码项目。

本章将聚焦在低代码路线图中组织架构、转型战略、评估选型和验证推广四大环节，介绍其背景、目标和最佳实践。您可参考本章内容，前瞻性地制定转型路径，开启您的低代码之旅。为了便于阅读，这里的"您"代指负责组织数字化转型的管理人员，通常为首席信息官（CIO）。

第6章

建立与低代码相适应的数字化组织架构

低代码是一种能够大幅提升软件开发与交付效率的技术工具，但其影响力却不仅限于开发团队内部。因为开发效率的"量变"，会传导至数字化转型甚至整个组织的运营。试想一下，同样规模的开发团队和成本投入，积压的项目在一年或几年内全部开发并交付，能够为企业数字化带来多大的动能。套用"生产力与生产管理"的理论，想要充分发挥这种先进的软件生产力的全部优势，避免落入转型误区，我们需要在组织架构层面做出一些必要的改变。

生产力决定生产关系，生产关系对生产力具有反作用。这条社会科学的定律在数字化领域同样有效。事实上，计算机技术从 1970 年开始向企业、政府和社会团体渗透。随着数据库、管理信息系统（MIS）、办公自动化（OA）等应用场景的落地，以及管理学和计算机科学协同发展，如何将计算机技术融入组织，使其响应并支撑组织的运营、决策和变革，就成为数字化从业人员和组织管理层共同关注的话题。有先进理论指导、贴近组织现状的数字化组织架构，能够帮助您快速凝聚共识，充分利用人力、物力等各类资源，放大包含低代码在内的数字化技术的价值。

6.1　数字化的第一个问题：业务主导还是 IT 主导

数字化组织架构转型的最大挑战是理顺 IT 团队和业务团队的关系，让两个团队顺畅协作，形成合力。回顾数字化的发展史，IT 团队（部门）和业务团队（部门）的关系先后衍生出了两个模式：中心化和去中心化。

▶▶ 6.1.1　IT 部门的诞生与发展简史

IT 部门的诞生要回溯到计算机诞生之初的 20 世纪 50 年代。此时，计算机技术尚处于初级阶段，计算机体积庞大且价格昂贵，只有政府、军队、大型企业和研究机构能够承担其使用成本。

早期计算机主要用于高精度的科学计算和复杂的工程设计。例如，美国政府、航空航天企业和一些银行率先引入了大型主机来完成核心数据的计算、处理和存储工作。这些大型主机和现如今的计算机不同，需要专门的技术人员进行操作和维护，如图 6-1 所示。受限于当时开设计算机相关专业的高校较少，专业人才严重短缺。所以，这些负责硬件维护的技术人员通常来自企业的技术支持部门，从机械电子设备的维护人员中遴选，经过简单培训后上岗，和其他维护人员同属后勤部门管理，这就是早期 IT 部门的雏形。这些人的计算机技术通常难以满足早期计算机软件开发技术的要求，所以，其职责主要集中在硬件的运行和数据处理上；计算机上运行的软件由科学家负责设计、研发和维护。

● 图 6-1　大型计算机与使用者

经过 20 年的发展，计算机已经充分展示了其远超人工的数据处理能力，让管理层意识到可以利用计算机来处理日常的事务性工作，如会计报表、工资计算和库存管理等。与以科研为代表的核心应用场景不同，事务性工作的科技含量更低，但场景更为零散，请计算机科学家来负责此类软件开发工作的话，成本投入过高，很难落地。而另一方面，以高级语言和关系型数据库管理软件（RDBMS）为代表的新一代计算机软件开发技术逐渐成熟，大幅降低了软件开发的技术门槛。再叠加上高校中计算机专业教育的普及，为当时的社会提供了更多熟练掌握软件开发技能的人员。所以，综合以上种种条件，最早负责维护计算机硬件的技术人员开始承担起更多的任务，包括开发软件来将这些需求确定性高、通用化程度强的流程纳入数字化管理范畴。至此，专注于硬件技术支持的团队开始承担起更多的职责，包含维护硬件设备、开发和管理软件等。

进入 20 世纪 80 年代，计算机技术发展迅速，整个管理层开始意识到数字化可以带来战略性的商业价值，特别是在提高运营效率和降低成本方面，他们急切地期望将计算机应用到更多的业务场景。然而，这些场景通常存在需求确定性低的问题，即 IT 技术人员很难通过参考其他软件或纸质人工操作来完成软件的设计和开发工作，急需业务团队的配合。当数字化开始与业务相结合，IT 部门的角色也就从单纯的技术支持逐渐转变为信息管理和战略支持的角色，从最初的技术执行单位变成了信息化战略的重要参与者。

到了 21 世纪，越来越多的场景被纳入数字化的覆盖范围。在这些软件的开发、使用与维护过程中，人们发现这些软件和背后的业务流程都存在较大的优化空间。为了解决这些问题，进一步放大数字化的价值，管理层倾向于进一步扩大 IT 部门的职责，不仅要负责维护企业的基础设施，还要参与企业业务流程的优化与整合。这一阶段以企业在高层管理中设置首席信息官（CIO）为标志，IT 部门已经不仅仅是一个技术支持的角色，而是企业业务流程创新和数字化转型的核心力量。

回顾 IT 部门的发展史，我们不难发现，企业最早的 IT 部门起源于企业引入大型计算机进行数据处理和自动化事务管理（又称业务流程自动化）的需求。随着计算机技术的不断进步和企业对信息管理依赖的加深，IT 部门逐渐从一个支持性部门发展为企业核心的信息化战略部门，推动着企业的数字化转型和业务创新。近些年，随着"数字中国"的提出和推进，特别是数据管理成熟度评估行业标准的确立和"数据资产入表"的落地，数字化在组织管理中的地位得到了空前的提升。国内企业 IT 部门的地位和贡献，得到了进一步确认和提升。

▶▶ 6.1.2　中心化的数字化管理方式

中心化的数字化管理方式起源于 20 世纪 70 年代的大型企业，即 IT 部门刚参与到软件开发的阶段，也是企业数字化建设模型的最初形态。中心化的管理方式核心特征是 IT 部门完全主导数字化建设。随着以关系型数据库为代表的信息技术的快速发展和企业对经营相关数据的数字化管理需求的增加，这一模式逐渐成形，至今依然被很多企业所采用。

在中心化模式下，IT 部门与业务部门的关系往往是服务提供者与服务使用者的关系，类似于厂商与顾客。业务部门会提出需求，IT 部门根据这些需求设计和开发系统。在这个过程中，沟通与反馈至关重要，但由于 IT 部门与业务部门的专业领域不同，常常会出现理解上的差异。这种差异的存在，导致在该模式诞生后很长一段时间内，企业的数字化软件开发覆盖的场景非常有限，中型甚至部分大型企业都对数字化建设持观望态度。为了解决这一问题，行业进行了多种尝试和努力，其中 ERP（企业资源规划）软件的兴起起到了最不容忽视的作用。ERP 在企业管理软件和业务流程中抽象出了一层 IT 部门和业务部门都能理解的概念与流程，有效缓解了两个部门的交流和理解壁垒。以国内用户群体最多的 ERP 厂商之一"月友软件"为例。该厂商的ERP 产品和配套的交付与培训服务，让使用 ERP 的业务部门骨干员工建立起了对"单据"的基础认知，帮助他们将业务问题尽可能抽象成包含有若干数据的单据，以及基于单据上的数据而变化的流转规则。

以质检部门需要通过软件来完成一个抽检工作为例。该部门的业务骨干会先描述出一张单据，如抽检单，然后说明上面需要包含哪些信息，如产品批次、抽检时间、抽检结论、照片、抽检人等；然后描述该单据如何创建、下发、收集、审核和统计。而 IT 部门则可以简单地将业务部门所提需求中的单据对应成数据库中的若干张数据表，单据的信息对应成字段，流转规则对应到运行在服务器上的业务逻辑，如图 6-2 所示。ERP 的出现让数字化系统变得更加一体化，同时，也在很大程度上抹平了业务部门和 IT 部门在软件项目设计上的沟通门槛。可以简单地理解为，ERP 的使用让 IT 部门更方便地理解业务需求，也能让业务部门具备更贴近于软件设计的抽象和逻辑思维能力。

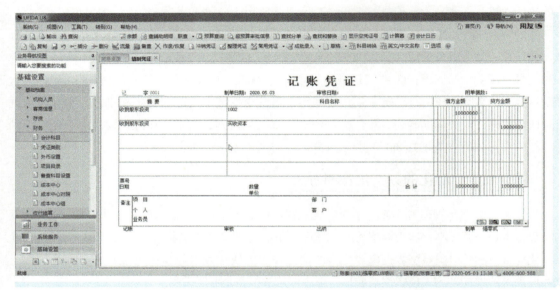

● 图 6-2　用友 U8 系列 ERP 软件中的单据操作界面

事实上，国内大多数企业的定制化软件之旅都是从基于 ERP 做二次开发模块开始的。IT 部门以外挂模块或嵌入模块的形式，在 ERP 的基础上扩展出了符合业务需要的软件，用最少的投入，满足了业务部门最紧迫的数字化需求。

中心化的数字化管理方式在过去几十年里为企业信息化发展提供了重要的支持，但随着业务环境的变化和信息技术的发展，这一模式也面临着诸多挑战，例如，部门间项目优先级冲突、用户体验设计脱离实际、一线人员培训资料不足、业务部门的"数字化参与感"不足等。

作为小结，我们将中心化的数字化管理方式的主要优缺点列举如下：

优点主要源于 IT 部门的技术能力优势：

（1）集中管理：通过 IT 部门的统一管理，信息系统的标准化和一致性得以保证，有助于维护数据的准确性和安全性。

（2）资源整合：可以有效整合企业的 IT 资源，避免重复投资和资源浪费。

（3）专业支持：IT 部门拥有专业的技术人员，能够及时解决系统问题，提高系统的稳定性和可靠性。

缺点则归结于业务部门的参与不足：

（1）沟通障碍：不同部门间的沟通不畅可能导致需求无法准确理解和实施，影响系统的有效性。

（2）响应速度慢：由于业务需求需要通过 IT 部门进行处理，可能导致响应速度慢，影响业务灵活性。

▶▶ 6.1.3　去中心化的数字化管理方式

与中心化的数字化管理方式对应的是去中心化。去中心化模式诞生于 20 世纪 90 年代，主要特征是业务部门主导部分数字化系统的构建，IT 部门存在一定的缺位。随着低代码技术的普及，去中心化模式进入发展的快车道，正得到行业的广泛关注。需要注意的是，虽然去中心化模式在很多媒体的文章中都站在了 IT 部门的对立面，但该模式诞生的原因却并不是意图颠覆 IT 部门，而是单纯为了解决中心化模式下的沟通障碍、响应速度慢等问题。

行业主流观点认为，去中心化的发展是现代信息技术不断进步、业务需求日益多样化以及企业寻求灵活性和快速响应能力的结果。在这种模式下，IT 部门不再垄断信息系统的开发与管理，业务部门的人员可以利用 Office、Access、低代码平台等工具，自行构建满足自己需求的应用程序，而 IT 部门则主要负责核心业务系统、中台等复杂且关键的系统开发与维护。去中心化模式的诞生比中心化模式晚一些，其发展历程大体可以分为三个阶段：

（1）早期的工具化探索（1990 年年末—2000 年年初）。去中心化模式的萌芽可以追溯到 1990 年末期，当时个人计算机和办公软件逐渐普及。企业中的许多业务人员不再完全依赖 IT 部门，他们利用这些通用软件，开始自主开发一些简单的表格、数据库和自动化工具，帮助简化日常业务流程。这一阶段的典型代表是大量的数据采集、处理与管理都是基于 Excel 等办公软件来完成的。

（2）自助工具与低代码平台的兴起（2010 年）。随着技术的发展，低代码/无代码开发平台开始进入市场。这类平台除了可以帮助 IT 部门的技术人员提升开发效率，还能为非技术人员提供更加友好的开发环境，降低软件开发门槛，使得业务部门的部分人员也能够自行构建定制化的应用程序，而不需要深厚的编程知识。事实上，低代码的历史比这个商业概念的提出还要久。在 2014 年低代码概念被提出时，OutSystems、活字格等国内外低代码平台都已经进入公测甚至商业运行阶段。在接下来的十年中，这些平台帮助大量业务人员快速完成应用搭建，为特定业务流程提供数字化支撑。

（3）去中心化的成熟与争议阶段（2020 年至今）。随着企业对灵活性和敏捷性的需求不断提升，去中心化模式受到更多企业的追捧；而该模式带来的一些问题和风险也得到了广泛的关注。

在去中心化模式中，IT 部门和业务部门之间的协作模式发生了显著变化，从中心化模式中的"消费关系"，变成了"内部竞争关系"。两个部门均从事数字化软件的开发，只是分工有所不同。IT 部门专注于核心系统的开发与维护、数据管理、安全、集成与治理，此外，还需负责提供稳定的技术基础设施，包括 API、中台、数据接口等，来支持业务部门的应用开发；业务部门则不再只是提出需求的角色，他们可以直接利用低代码工具构建自己所需的应用，灵活调整以满足实际需要，如图 6-3 所示。

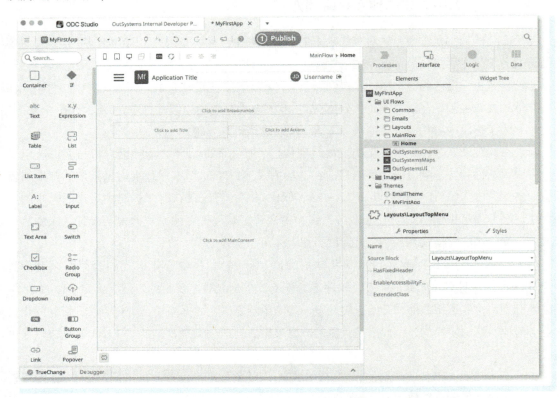

图 6-3　来自葡萄城的低代码开发平台 OutSystems 的开发环境截屏

这种模式一方面通过引入业务部门的员工参与软件开发来扩充开发资源，另一方面则通过尽量避免 IT 与业务的跨部门沟通来减少管理开销。双管齐下，去中心化模式展现出开发周期显著缩短的效果。"IT 部门参与开发的项目越少，业务部门负责开发的项目越多，整体的数字化推进速度就越快"，成为很多初次引入该模式的组织管理层的第一印象。IT 部门旗下技术人员的专业性为组织带来的价值受到了前所未有的质疑，甚至有一些媒体开始提出"程序员这个职业即将消亡"的论断。

然而，随着大量软件在去中心化的模式下被开发出来并投入使用，开发效率飙升背后隐藏的问题开始逐渐浮出水面，如数据质量差、软件可维护性低、安全风险突出等。这些问题甚至达到了影响组织数据管理成熟度评级的程度。

作为小结，我们将去中心化的数字化管理方式的主要优缺点列举如下。

优点源于业务人员参与开发得来的产能提升：

（1）提高灵活性和响应速度：业务部门能够根据自身需求快速开发和迭代应用，减少了依赖 IT 部门的瓶颈问题。这种模式使得业务能够更加敏捷，快速应对市场和内部需求的变化。

（2）促进创新：业务人员对业务流程最为熟悉，他们能够直接开发符合实际工作需求的应用，减少了需求在传递给 IT 部门时的偏差和误解。这种自主开发的方式有助于推动业务创新，产生更多贴合实际的解决方案。

（3）提高业务部门的自主性：去中心化模式赋予业务部门更多的控制权，使他们能够更加自主地管理自己的工作流程和应用，从而提高整体的工作效率和满意度。

缺点则来自于软件和数据管理本身的专业性要求：

（1）数据和系统孤岛问题：由于业务部门自行开发应用，可能导致数据难以集成，形成数据孤岛。不同部门开发的应用程序之间缺乏统一的标准和接口，可能会降低企业整体的数据质量，严重影响数字化系统对组织决策的支持。

（2）安全与合规风险：业务部门在开发应用时，可能不具备充分的安全意识和技术知识，导致安全漏洞和数据泄露风险增加。如果没有统一的安全标准和监管机制，去中心化开发可能让企业面临更大的安全威胁。

（3）维护和优化成本高：业务部门开发的应用程序可能缺乏长期维护和优化，随着时间的推移，这些应用程序可能变得难以维护，甚至出现技术债务。IT 部门可能需要在后期介入，支付额外的成本来清理这些由不规范开发所产生的问题。

（4）开发能力参差不齐：虽然低代码平台降低了开发门槛，但不同业务人员的技术能力参差不齐，可能导致开发出的应用质量不一致，进而影响业务流程的稳定性和效率。

▶▶ 6.1.4　中心化与去中心化的优劣势对比

经过数十年的发展，中心化和去中心化两种管理方式已经充分展现出了各自的优劣势。中心化的缺点集中在交付周期长、应用与需求有偏离风险、投入产出比偏低；去中心化虽然有响应速度快的特点，但也存在数据质量无法保证、合规风险高、可维护性差等风险，即"影子 IT"问题，如图 6-4 所示。所以，两者的诞生时间虽有明确的前后关系，但这并不意味着两者是"升级换代"的关系。

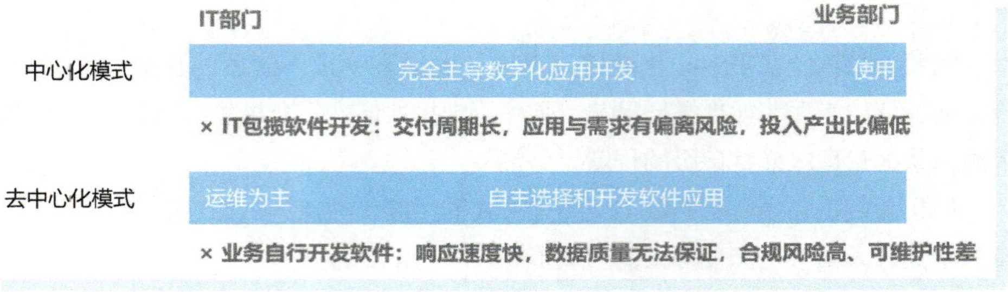

	IT部门		业务部门
中心化模式	完全主导数字化应用开发		使用

× IT包揽软件开发：交付周期长，应用与需求有偏离风险，投入产出比偏低

去中心化模式	运维为主	自主选择和开发软件应用	

× 业务自行开发软件：响应速度快，数据质量无法保证，合规风险高、可维护性差

● 图 6-4　中心化与去中心化的简单对比

为了全方位比较两种管理方式的特征，我们先引入前面章节中介绍过的"数据管理成熟度"，从数据和数字化深度的视角对这两种模式进行对比，结果如表 6-1 所示：

表 6-1　数据管理成熟度视角下的两种模式对比

维度	中心化模式	去中心化模式
数据治理	● 中心化模式在数据治理上更具优势，数据集中存储和管理，能够统一标准和规范 ● 数据源一致，数据质量和一致性容易控制 ● 数据流向、数据使用和访问权限受 IT 部门严格管理，符合数据合规性要求	● 数据治理复杂度增加，各业务部门可能独立管理各自的数据，数据标准不统一，容易形成数据孤岛 ● 业务部门在开发应用时，可能忽略数据质量和一致性，带来数据治理的挑战 ● IT 部门需提供治理框架，但实际执行可能不受控
数据集成	● 中心化管理可以通过统一的架构和集成平台，实现跨系统的数据集成和共享 ● IT 部门确保各系统的数据流动顺畅，数据集成效率高	● 各业务部门独立开发应用，数据集成难度较大，容易形成多个孤立的数据源 ● 数据接口和标准的不统一可能导致集成问题，难以实现企业级的数据整合
数据安全	● 由于数据集中管理，IT 部门可以更好地控制和监控数据访问，确保数据安全性 ● 权限管理、加密、备份等安全措施由专业人员实施，符合高数据安全需求	● 去中心化开发可能导致数据分散存储，安全性难以保证，尤其是业务人员缺乏数据安全意识的情况下 ● 数据访问权限可能未严格控制，增加了数据泄露风险
数据质量	● 数据质量通常较高，IT 部门能够通过统一的标准、流程和工具进行监控和管理 ● 数据清理、校验等措施可以在数据存储和传输过程中执行，保证数据的准确性	● 各业务部门独立管理的数据源可能导致数据质量参差不齐 ● 由于开发标准不一致，可能缺少严格的数据校验机制，导致数据冗余、不一致或错误
数据合规性	● 中心化管理模式下，企业可以确保数据处理符合行业法规（如外企的 GDPR 等）的要求，IT 部门负责监控数据的使用和存储合规	● 去中心化模式中的业务人员开发应用时，可能忽略数据合规性要求，尤其是在涉及客户或敏感数据的情况下 ● IT 部门需加强监督和审计，防止违规操作

在代入数据管理成熟度模型后，我们不难看出中心化模型展现出了更多优势，即在排除掉

其他因素的影响后，采用该模型的企业数据管理成熟度高，数据治理、集成、安全和质量得到良好控制，从侧面说明中心化模型更适合处理复杂、跨部门的大规模数据系统。另一方面，去中心化模型虽然让业务部门可以灵活处理自己的数据，但在数据治理、安全和质量上较难控制，容易形成数据孤岛，最终拉低数据管理成熟度评级。

除了数据视角，我们还可以引入"企业信息管理成熟度模型"，从应用和数字化的广度出发，将两种模式进行再次对比，结果如表 6-2 所示：

表 6-2　企业信息管理成熟度视角下的两种模式对比

维度	中心化模式	去中心化模式
信息采集与处理	• 中心化模式依赖 IT 部门处理所有需求，信息处理流程规范化、标准化，保证信息的准确性 • 信息采集有统一的工具和平台，数据处理符合企业的全局需求	• 去中心化模式中，业务部门可以灵活采集和处理信息，适应变化的业务需求 • 但信息采集工具和标准不一致，可能导致信息不完整或不准确
信息共享与传递	• 中心化模式下，信息通过统一的系统进行共享，信息流动受控且有序 • 信息传递效率较低，但标准化程度高，信息一致性较好	• 去中心化模式可以更快地在业务部门之间传递信息，减少对 IT 部门的依赖 • 但由于不同系统之间信息传递不一致，可能出现信息不对称或数据孤岛现象
决策支持	• 中心化系统能够为企业决策提供高质量的、整合的信息，基于统一的数据源生成决策支持报告 • 适合长期规划和全局决策	• 业务部门可以更迅速地获取他们需要的信息，做出即时决策 • 但跨部门或企业级别的决策支持难度较大，可能因为信息分散而缺乏全局视角
信息透明度	• 中心化系统下，信息流动透明且受控，IT 部门能够监控信息流通情况，确保透明度	• 去中心化系统中，信息可能被业务部门独立管理，IT 部门难以完全掌控信息的透明度，容易出现信息不对称的情况
信息利用效率	• 中心化模式中，信息处理效率较低，特别是面对快速变化的业务需求时，信息响应速度慢 • 但信息处理的深度和准确性较高，适合长周期的信息处理和分析	• 去中心化模式下，信息利用效率高，业务部门可以快速获取并利用信息，适应市场的快速变化 • 但由于信息源多样化，可能导致信息过载或信息准确性降低
信息安全与保密	• 信息安全性较高，集中管理信息流通，数据保护和权限控制由 IT 部门统一实施 • 信息保密性更易控制	• 信息安全性较低，业务部门管理的信息流通缺乏统一的安全策略 • 信息分散在不同系统中，增加了信息泄露的风险
信息创新与灵活性	• 创新较为缓慢，受制于 IT 部门的处理能力和流程，信息管理灵活性差 • 信息创新主要来自技术驱动的流程优化	• 信息管理灵活性强，业务部门能够快速调整和处理信息以支持业务创新 • 但由于标准不一，信息创新往往是局部的，缺乏全局整合

从上表可以看出，中心化模式在企业信息管理成熟度上的优势没有数据管理成熟度那么强。中心化模式的优势在于信息采集、处理和传递过程标准化，信息一致性和透明度较好，但灵活性

不足，响应速度较慢。去中心化在信息的灵活性和创新能力上有一定优势，但需要配合颗粒度恰当的规范与切实可行的监管机制，实现"取其精华，弃其糟粕"。

6.2 新一代协作模型：业务主导+IT 支撑+扁平管理

近些年，在去中心化模式的基础上诞生了一种新的协作模型，该模型一方面能充分发挥业务部门的核心价值，另一方面可以有效规避非专业人员参与开发带来的技术风险。一句话概括，新的模型正在"反转"数字化建设的推进方式。如何做到的？该模型基于近些年企业和信息化服务商的实践探索，充分利用以低代码为代表的高生产力软件开发技术，吸收"去中心化"中业务部门深度参与的指导思想，重点解决数据安全、可维护性等的技术风险，将技术优势最大程度地转化为组织优势。

新模型的核心可以概括为以下三点：

（1）业务主导。数字化是服务于组织业务发展的，业务部门需拥有**数字化最终评价权**。所以，业务部门需要主导数字化建设，具体表现为业务部门拥有发起数字化项目、决定项目的范围、开发与上线的时间计划等的职责。在此基础上，我们还需要吸收去中心化模式的最佳实践，请业务部门中的骨干人员在完成本职工作的前提下，尽量参与到数字化的建设过程中。大量项目经验表明，业务部门如果能深度参与到数字化方案的逻辑设计中，就可以降低返工的可能性，从而提升数字化对业务的支撑与响应速度；而参与到体验设计中，就能降低培训成本，进而提升数字化对业务的支撑和促进效果。

（2）IT 支撑。数字化建设本身具备较强的专业性，在业务需求的背后存在大量的技术性要求以确保该系统的安全性、可用性和可维护性。忽略这些特性是去中心化模式的主要弊端。所以，具备相关专业知识的 IT 部门需要承担起数字化的**技术把关责任**，确保数字化系统的长期持续运行与优化迭代。具体而言，IT 部门的支撑作用主要有两种模式：其一为 IT 部门负责开发和运维，业务部门和 IT 部门共同完成设计；其二为 IT 部门负责架构设计、运维和开发的审查与监管，业务部门负责设计和开发。行业主流观点认为，模式二在国内处于探索阶段，主要推荐给 IT 素质高（由年龄、教育背景等因素综合决定）的业务部门做一些临时性、非关键场景的数字化系统开发。需要注意的是，这里的 IT 部门除了狭义的 IT 部门，即组织内部的信息化部门，还需要包含外部的信息化服务商。

（3）扁平管理。为了进一步提升数字化对业务的响应速度，发挥"业务主导"的优势，组织需要建立更扁平化的数字化建设管理机制。这里的管理机制不但要覆盖业务部门和 IT 部门，还需要引入组织的高层，有效**缩短决策链条**，尽可能降低决策端成为数字化瓶颈的风险。需要注意的是，虽然我们一直在强调数字化对组织带来的巨大价值，但其本身依然是支撑工作。所以，数字化中提到的"扁平管理"通常不涉及对组织中管理层级和架构的调整，而是建立一个虚拟的组织架构，在这个新的架构中处理数字化相关的事项。此类虚拟架构通常仅保留 3 级，即指导级、领导级和执行级。指导级关注在方向和预算，而具体的数字化系统需求调研、设计、排期、开发、交付、培训、评价等均由后两级完成，配合定期举办的简报会议，可以有效提升决策速度，应对跨部门、跨职能的工作协调。

考虑到源于行业、企业和团队的差异化，新的协作模式并不是一个可以快速复制的管理方案，更像是若干"思想"和"指导原则"。组织需要根据自身的特点，基于这些原则来裁剪定制出适合当前阶段的数字化建设方案和管理架构。本节中的全部内容都遵循了该模式的要求，可以看作该模式的"最佳实践集合"。

所以，我们强烈建议您在开启数字化转型工作前，以中长期数字化转型愿景为抓手，激发组织负责人的长期性、整体性战略思维，就"业务主导+IT 支撑"的指导原则进行深入沟通并达成共识。因为这是后面大部分最佳实践的基础，先做好这一步可以帮您少走很多弯路。打造和凝聚关于数字化转型的共识，主要考验的是您和您的组织高层在组织管理上的能力，并不是本书重点关注的内容，《领导变革》（John Kotter 著）、《激活组织》（陈春花著）等与组织变革相关的经营管理类的书籍会给您带来更有针对性的帮助。

6.3 新模式下的数字化虚拟组织

在建立起"业务主导+IT 支撑"的共识后，您作为数字化转型的负责人，还需要一定的组织支撑才能顺利完成该项工作的推进。这些组织在大多数情况下都是"虚拟组织"，呈现出跨部门、跨层级的特点，以各类"委员会"存在，而非固定的"办公室"。需要注意的是，虚拟组织的设立与运营方式和组织的性质、规模、管理风格有很大的关系。在实际操作中，我们应更关注该组织是否能承担起对应的职能，而非具体的形式。

▶▶ 6.3.1 指导级：数字化转型指导委员会

数字化转型指导委员会（简称指导委员会）是组织内数字化转型相关工作的最高权威机构，负责对数字化转型工作的监督、支持和资助，是"业务主导"原则的集中体现，也是您向上管理的主要抓手。

指导委员会的成立主要源于引入了低代码的数字化转型具备超越以往的生产力，让数字化的影响范围快速扩展到整个组织，而不是具体的部门、业务线或分支机构。这意味着数字化的价值将从支撑业务职能提升为实现组织战略。进入战略层次后，数字化转型工作需要 C Level 高层管理团队的直接指导，才能确保数字化工作与组织战略相匹配，避免"各自为政"带来的资源浪费和管理风险。成立由高层组成的指导委员会势在必行。

指导委员会工作的主要抓手为数字化战略的制定与订正、数字化转型投资与成效的定期审议等。在特定的时期，指导委员会也会成为下级（数字化转型领导委员会）的最终裁决机构，高效处理矛盾。为了达成这一目标，指导委员会通常需要包含以下高层管理角色：

- 首席信息官（CIO），秘书长，具体负责会议的汇报、提案和决议落实。
- 首席执行官（CEO），主席，重点关注数字化战略与企业战略的匹配度。
- 首席财务官（CFO），可选成员，主要负责评审数字化相关投资的预算与执行状况。
- 首席运营官（COO），可选成员，主要负责裁决与协调各部门尤其是职能部门的事务。

指导委员会的成立是数字化转型的第一个重要节点。上文中，我们建议您和组织负责人建立起"业务主导+IT支撑"的共识。在此基础上，您就可以和CEO共同商定参与到指导委员会中，完成该委员会的成立工作。如果您的组织是央国企，在与一把手充分沟通后，邀请党委班子的相关领导加入指导委员会，能更大程度上发挥指导委员会的价值。

指导委员会成立后，通常以各类会议的形式展开工作。对于一些特定主题的会议，如涉及产品研发或生产环节的数字化改造决策，您也可以扩大会议的规模，临时邀请首席技术官（CTO）加入指导委员会会议。在会议形式方面，您可以采用"专题会议"和"日常会议"相结合的做法：针对一些重大议题，您可组织指导委员会的专题会议，如年底的总结汇报与预算审查会议；日常工作中，您也可将指导委员会的会议"融入"组织的高层会议，如在管理层的季度经营管理会议或党委班子会中加入数字化议题，汇报数字化转型进展等。大多数场景下，您可以将数字化战略的梳理与讨论作为指导委员会成立后的首项工作，为后续工作打下坚实的基础。

总之，指导委员会的核心目的是通过组织内最高权威机构凝聚共识，其工作内容与常规的汇报、讨论非常类似。所以，只要能将高层领导纳入数字化转型中来，就起到了指导委员会的基础作用。对于您来说，不必拘泥形式、不必强求高层的投入，能够成立指导委员会并保持其正常运转即可。

需要特别注意的是，如果您的组织正在按照DAMA的标准进行数据管理，大概率会设立名称类似于"数据管理指导委员会"的虚拟组织。该组织关注通常由首席数据官发起，其职责、定位和关注的重点均与这里的指导委员会存在差异，除非必要，不建议直接将其合并或使用该组织替代指导委员会。

▶▶ 6.3.2 领导级：数字化转型领导委员会

与关注战略和总体预算的指导委员会不同，您还需要一个向下管理的虚拟组织，数字化转型领导委员会（简称领导委员会）。领导委员会的关注重点为数字化转型的实施计划与效果评价，也需要承担起跨部门协调、问题的发现、提升与处理等责任，通常由业务部门负责人和 IT 部门负责人组成，其中业务部门负责人可以落实"业务主导"，而"IT 部门负责人"则负责实现"IT 支撑"。领导委员会将如何承担起自己的责任？这与数字化中心的架构设计紧密相关。数字化中心的架构设计是数字化战略的重要组成部分，IT 部门负责人通常也是数字化中心的负责人，在下一节中我们将展开介绍。

引入低代码技术后，大多数集团企业更倾向于采用分布式的管理方法来提升总体效率，释放低代码的生产力优势，即在总部设立一个数字化中心来负责总部所需的数字化系统建设和运维，同时，为一定层级的实体单位（如工厂或子公司）下放一定的数字化建设自主权，成立与总部互通但独立管理的多个数字化中心，这些中心对该实体单位和下级单位的数字化系统负责。与之对应，为了充分发挥领导委员会的作用，领导委员会通常与数字化中心绑定，即一个数字化中心由一个团队负责，服务于若干业务部门。数字化中心的负责人与业务部门的负责人共同组成一个领导委员会，向您（CIO）汇报的同时，也向该层级的主管领导汇报。如某集团公司在设有总部数字化中心的同时，还为每个工厂分别设置了数字化中心。总部的领导委员会向 CIO 和 COO 汇报，负责制定总部直管的数据平台和应用系统的实施计划与评估，处理这些系统的设计、开发与交付过程中跨部门的协作问题；各工厂的领导委员会向 CIO 和工厂负责人汇报，负责该工厂各类应用系统的计划与评估，并处理该工厂内部各部门的协作问题。同一组织内的多个领导委员会还需建立起必要的协调机制，就数据互通、能力互通等规范进行讨论与统一，避免出现数据孤岛和重复建设等问题。指导委员会和领导委员会的关系如图 6-5 所示。

● 图 6-5　指导委员会与领导委员会的关系

启动数字化转型工作后，您可以将"建立领导委员会"作为确立数字化战略后，指导委员会的首项动议，会同 COO 或相关领导共同完成数字化中心的整合与成立工作，同步建立该数字化中心对应的领导委员会。领导委员会的主要工作方式通常为一对一的沟通协调和定期的例会。比如，在制定下一个阶段的开发范围前，IT 部门的负责人需要与相关业务部门的负责人沟通，充分了解该部门的信息化需求，进行初步评估后，在领导委员会例会上与各业务部门负责人共同协商出合适的优先级，并基于该优先级制定实施计划，再以领导委员会的名义推行。如内部无法达成共识，领导委员会可将问题提升至主管领导，或提升到 CIO 甚至指导委员会进行裁决。除了制定计划外，领导委员会还需要承担起实施、交付、反馈的跨部门协调工作，并且以领导委员会的名义，向主管领导和 CIO 定期汇报数字化转型的成效，形成从计划到成果的闭环。领导委员会成立后的首项工作，建议选择"该委员会所属的数字化中心管辖范围内的数字化情况摸排"。在这项工作中，委员会成员将会全员参与，快速完成磨合；其成果还会直接反映到下一阶段的工作计划中，一举多得。

对于中小型组织或扁平化管理的组织，数字化通常采用集中式管理方式，即组织内仅有一个数字化中心。此时，领导委员会的成员和指导委员会的成员会存在一定程度的交集，但依然有较大差异，如图 6-6 所示，如指导委员会中的 CFO 也会以财务部门总负责人的身份、CIO 则以 IT 部门总负责人的身份加入总部领导委员会等。但是考虑到工作内容和方式的差异，我们依然不建议您将两个委员会合并。"因事设岗"而不是"因人设岗"，是我们引入虚拟组织的初衷之一，也是控制会议规模、提升总体效率的关键。

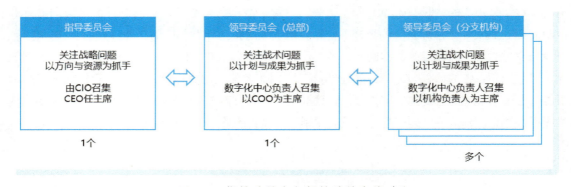

● 图 6-6　指导委员会与领导委员会的对比

需要提醒的是，将指导委员会和领导委员会的最佳实践落地时，我们要遵循"实质大于形式"的基本原则，不要拘泥于名称或层级，能达成共识比达不成共识更好，能跨部门沟通协调比各自为政好。

微案例 26——上海某商业地产公司

因企业成立时间较长，以 CEO 为代表的高层管理者对数字化转型的意义和价值缺乏足够的重视，对指导委员会、领导委员会等虚拟组织的支持力度不足。为了推动数字化转型工作快速启动，CIO 在引入低代码技术的同时，采用集中式数字化中心的组织架构，再将指导委员会、集团总部领导委员会的职能融入集团管理会议，如在会议上征集和确认业务线的数字化需求、计划，和业务线领导共同汇报数字化应用系统落地成效等。这种做法收到良好成效，帮助企业平滑度过这段过渡时期。

 6.3.3　执行级：混合型数字化应用交付团队

落实到执行层面，领导委员会制定的实施计划需要由混合型数字化应用交付团队（简称交付团队）完成最终落地。该团队的能力将会影响到您数字化转型战略的时间投入，其效率也将与您在数字化转型的投资紧密相关。所以，虽然交付团队的组建、管理和评价均由数字化中心的领导负责，但依然值得您关注。

与领导委员会类似，交付团队也是和数字化中心紧密相关的。通常情况下，一个数字化中心配套一个或多个交付团队。称之为"混合型"主要是因为该团队的成员以 IT 部门成员为主体，还会包含从业务部门借调的业务人员，可能以"业务数字化专家"身份参与该部门数字化应用设计、测试、培训等工作。在大多数组织中，混合型应用交付团队也是虚拟组织，主要表现在参与数字化应用交付的业务人员在管理上依然归属于业务部门，只是在特定时间阶段内承担 IT 相关工作。这种混合型的团队以数字化应用交付为目标，按照项目进行组织，每个项目上均保有软件需求调研、方案设计、低代码/编码开发、软件测试、实施培训和系统运维等必要能力。考虑到部分中大型企业里方案设计和开发力量不足的实际情况，交付团队除了包含组织内部成员，还可以通过人力外包或咨询服务等方式，引入来自外部服务商的人力资源。

交付团队中专职 IT 团队的组建，与业务数字化专家的遴选培养，本身也是低代码技术在组织内部的推广过程，我们将在接下来的章节中详细介绍。

6.4　小结

"未雨绸缪"，数字化转型对于一个组织来说是一项有着深远意义的大工程，而与高价值相伴的是高风险与高挑战。所以，我们建议数字化转型的负责人从历史出发，重新审视数字化管理方式的变迁，充分考虑低代码技术带来的生产力提升，确立基于"业务主导、IT 支撑、扁平管理"三原则的新一代协作模型，建立包含有指导委员会、领导委员会和交付团队的三层扁平化组织架构，统合数字化转型所需的决策和执行资源。借助组织的力量，在组织内凝聚关于数字化转型的共识，盘活数字化转型所需的各项资源，分担数字化转型带来的管理和协作挑战，为数字化战略的成功落地扫清障碍。

第7章

基于低代码技术特点制定数字化战略

数字化战略的制定和校准是指导委员会的主要工作，由数字化转型负责人执笔，经指导委员会批准后生效。

数字化战略是数字化转型的基石，回答数字化转型"该干什么、靠什么干和怎么干"的问题。具体而言，数字化战略是指与数字化相关的全局性和长远性谋划，属于组织顶层战略的支撑部分，服务于组织的职能战略和业务战略，如图 7-1 所示。数字化战略关注的重点是利用数字化技术来优化其业务与运营，其目标不仅仅是提升现有业务的效率，更要通过引入技术先进、贴合业务的数字化技术（包含但不限于低代码），来赋能新的价值创造和业务增长模式。所以，数字化战略可以在很大程度上影响到数字化转型的成效，值得您投入足够的精力来做好这份战略，为数字化转型打下坚实的基础。

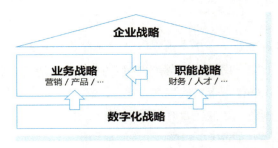

● 图 7-1 数字化战略、职能战略和业务战略的关系

7.1 数字化战略与数字化技术的紧密关系

与传统的战略咨询不同，数字化战略的制定并不存在"普适"的方法论。组织的数字化战略往往凝聚了起草者对组织运营和管理的深入观察，以及对当下和未来一段时间内数字化技术

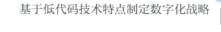

发展方向的研判。事实上，数字化战略会随着数字化技术的演进和组织生存环境的变化而不断演进，各个时代的数字化战略都体现了当时技术发展和市场需求的特征。

他山之石，可以攻玉。为了帮您更好地理解数字化技术与数字化战略的关系，我们可以将数字化战略按照技术特点分为四个主要时期：信息化时代、互联网时代、大数据时代、智能化时代。每个阶段的数字化战略在技术应用、业务目标和市场应对方式上都有其独特的特点。在此基础上，我们针对已经走过的三个阶段，选择了零售行业（与日常生活最贴近的行业之一）中独领风骚的头部企业，通过公开的信息梳理和汇总，逐个复盘其在该阶段的数字化战略。读懂这些时代的背景与案例，相信会对您基于低代码等新一代技术来制定组织的战略大有裨益。

▶▶ 7.1.1　信息化时代（1980—2000 年）的数字化战略

在上文中我们曾经带着您回顾了 IT 部门的诞生与发展，其中提到了从 1980 年开始，部分企业意识到数字化技术能给组织带来战略性的商业价值。所以，最早的数字化战略就此诞生了。这个时代的数字化战略稍显单薄，主要以提高企业的运营效率为核心，企业开始将计算机软件和计算机网络整合到日常工作中，将纸质的文档转换为信息。所以，我们将这个时代命名为信息化时代。信息化时代的技术手段相对基础，主要依赖于新兴的计算机硬件、基础软件和网络技术，目标是通过数字化减少企业管理和操作过程中的人工干预，从而提高生产效率和降低成本。

信息化时代的技术特征集中在基础设施的普及上，让更多组织可以引入数字化技术，实现从无到有的质变。其中最典型的特征有以下两点：

- 企业信息化系统：ERP（企业资源规划）、CRM（客户关系管理）和 SCM（供应链管理）等系统是这一阶段的代表性数字化技术。组织通过实施这些系统，实现了业务流程的标准化和信息的共享，从而大大提升了管理效率。例如，西门子、丰田等大企业通过引入 SAP 的大型管理软件，对财务、供应链、生产管理等流程进行整合和优化。通过业界领先的 ERP 系统，各部门可以共享数据，减少了数据孤岛现象，使得决策更为高效。
- 办公自动化：除了集中部署的大型管理软件，计算机、电子邮件、局域网和数据库在一线办公岗位的普及，让文档管理和内部沟通更加快捷和可靠。微软的 Office 和 IBM 的 Lotus Notes 就是这一阶段办公自动化软件的代表。组织通过引入这些工具，减少了公文、表单等纸质文档的使用，加速了内部沟通和决策，提升了办公室员工的工作效率。

在信息化时代，零售行业的翘楚依然是全球连锁超市巨头——沃尔玛。沃尔玛是一家全球领先的零售企业，其业务遍布包括中国在内的多个国家。在 20 世纪 80 年代末至 90 年代，沃尔玛通过技术驱动的战略，率先实现了零售行业的数字化转型。这个时期正值信息化时代，沃尔玛通过引入先进的 IT 系统，尤其是供应链管理和库存控制系统，迅速提升了其在市场中的竞争力。接下来，我们一起复盘和解读沃尔玛的数字化战略如何支撑企业的发展战略。

在信息化时代，沃尔玛的数字化战略首先服务于其整体商业战略：成为全球低成本的领导者，同时以客户为中心提供高效、便捷的购物体验。该商业战略可以拆解为以下两点：

- 低成本：沃尔玛销售的商品中绝大多数都源于供应链伙伴，成本控制难度大；但线下连锁商场的业态决定了沃尔玛的仓储和物流成本占比较高，成本优化空间相对充足。于是，沃尔玛将降低成本的第一刀"砍向"储运环节。与之对应，沃尔玛的数字化战略不仅局限于内部运营的优化，还需与外部供应链伙伴紧密结合。

- 以客户为中心：第二刀"砍向"选品环节，通过为客户提供更受欢迎的商品，来优化货架、降低促销和储运成本。所以，沃尔玛将实时数据分析与供应链管理纳入了数字化战略，通过精准的数据分析来了解消费者的需求变化，并迅速调整供应链和库存，确保其产品供应能够满足顾客的需求，避免了库存积压或短缺，从而为顾客提供了稳定的商品供应和低价保证。

数字化战略首先需要对该战略进行有效支撑，于是，将该时代诞生的互联网技术与供应链的数据整合需求融合在一起，制定出了聚焦在"供应链协同"的数字化战略。

在上述战略的指导下，沃尔玛在 1991 年开发了名为 Retail Link 的软件系统并持续迭代优化至今，界面如图 7-2 所示。该系统的数据填报、整合与分析等功能，让沃尔玛与供应商实现了数据共享和协同，不仅帮助沃尔玛提升了自身的运营效率，也为其供应商提供了市场动态的实时反馈，使得双方都能够在竞争激烈的市场中占据优势。

图 7-2　沃尔玛 Retail Link 的系统界面，2022 年版本

总结信息化时代的数字化战略核心，大部分组织的选择是将已有的业务流程通过数字化系统实现标准化和自动化，以提高效率和减少错误。战略的实施过程中以流程管理为主，技术的应用相对初级，主要集中在企业内部的运作层面。

▶▶ 7.1.2 互联网时代（2000 年）的数字化战略

进入 2000 年后，与互联网泡沫相伴的是计算机和互联网从企业向个人生活渗透，我们进入了互联网时代。陈春花在《激活组织》中详细描述了互联网时代及其后的大数据时代对组织环境带来的新变化，如庞大的"互联网原住民"线上人口、具有数字化优势的新渠道、共享共创互惠的全新商业模式等，这些变化使得企业能够不仅仅局限于区域市场，而且可以通过在线平台向全球客户提供服务和产品。同时，电子商务、在线营销等数字化工具开始成为企业战略的核心。

顾名思义，互联网时代最重要的数字化技术特征就是互联网。随着互联网的快速普及，零售企业开始利用电子商务平台进行业务扩展。美国的亚马逊和国内的阿里巴巴等电子商务平台的崛起是这一阶段的典型例子。这些平台通过线上渠道直接服务于广大消费者，摆脱了传统线下零售的限制，能够更加灵活地调整产品、价格和促销策略。

互联网时代的另一大特征是数字营销的兴起。即使没有选择电子商务的销售渠道，大多数企业都开始通过网站、搜索引擎优化（SEO）、网络广告等方式直接与潜在客户互动，并通过数字化手段跟踪和分析客户行为。美国 Google 的 AdWords 广告平台和国内百度的推广平台就是这一阶段诞生的典型工具。企业通过投放在线广告，并利用搜索引擎技术提升品牌曝光度，再根据广告推广平台反馈的数据分析广告效果，以实时调整营销策略。这使得营销效率大幅提高，传统广告形式逐渐被数字营销手段取代。

当营销和销售都被"搬上"了互联网，随着互联网基础设施的建设，部分企业开始利用互联网拓展全球市场，通过在线平台在全球范围内销售产品、提供服务并建立客户支持系统，缩短了市场扩展的时间和成本。

作为互联网时代零售业的代表，成立于 1994 年的亚马逊，在 2000 年从一个在线书店（早期的网站如图 7-3 所示）快速成长为全球最大的电子商务平台，成功通过互联网为用户提供广泛的商品选择和便捷的购物体验。它的成功很大程度上得益于电子商务的模式，通过互联网直接连接全球供应商和消费者，实现了全球化的商业运营。为了达到这一目的，亚马逊建立了名为"Marketplace"的线上平台，鼓励第三方卖家在其平台上销售商品。这种做法让亚马逊大幅增加了可销售的产品种类，丰富了顾客的选择，在实现销售规模几何级数增长的同时，降低了自身库存和运营风险。不难看出，这种企业战略的本质是通过互联网的开放性和互联性，最大化利用外部资源，实现平台的可持续扩展。对于乘着数字化东风成立和发展的亚马逊来说，其核心产品、服务都是基于数字化技术来实现和交付的，数字化战略本身就是企业战略，这也是"互联网公司"的常态。

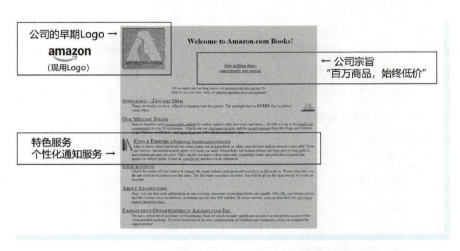

●　图 7-3　亚马逊电子商务平台早期的页面效果

值得一提的是，在利用数字化技术研发电子商务平台的同时，亚马逊开启了一项全新的业务——2006 年推出的 Amazon Web Services（AWS）云服务。这项服务从满足自身电商业务起步，逐步将公司的业务扩展到互联网基础设施服务，帮助亚马逊发展成为全球最大的云计算服务提供商。AWS 不仅为亚马逊带来了巨大的营收，也为全球数百万企业提供了基础设施即服务（IaaS），从而进一步扩大了亚马逊在互联网时代的市场领导地位。如果电子商务平台是业务定义了数字化，数字化战略支撑业务发展，云服务则是数字化定义了业务，数字化战略孵化了业务创新。

与同处在批发零售行业的上一个时代的代表沃尔玛相比，亚马逊的数字化战略呈现"数字化原住民"的特征，即整个业务都构建在数字化技术之上，数字化产品、数字化服务，让数字化战略与企业战略近乎一致，具体表现如下：

- 亚马逊：以平台化生态、客户体验、全球化扩展和技术创新为核心，战略重点是通过互联网和技术创新构建开放的生态系统，形成全球化市场领导地位。
- 沃尔玛：以供应链优化、低成本运营、本地化整合和运营效率提升为核心，战略重点是通过数字化技术优化内部流程，确保其低成本领导战略和全球市场的扩展。

总结互联网时代的数字化战略，重点在于利用互联网这项新兴的技术进行业务扩展、市场开拓和客户服务的数字化。企业开始通过电子商务平台、数字营销手段和在线客户服务系统，实现从产品设计、市场推广到客户服务的全面数字化。互联网不仅成为企业连接市场和消费者的工具，也改变了传统的商业模式。

▶▶ 7.1.3　大数据时代（2010 年）的数字化战略

2007 年，苹果发布了划时代的智能手机 iPhone，伴随着 3G、4G、5G 移动网络的升级，互联网正式进入移动时代。移动互联网的普及极大程度上扩展了数字化应用的范围，更多的数据被生产、记录和存储，从海量数据中挖掘出业务价值的大数据技术应运而生。所以，我们将其命名为大数据时代。

这阶段的数字化战略大多围绕数据展开，从单纯的借助数字化技术拓展业务转向数据的获取和利用，与之对应，移动设备成为用户交互的主要载体。企业开始借助移动应用平台与客户、合作伙伴建立更加紧密的联系。在此基础上，企业再通过分析这些用户的行为数据，提供定制化的产品和服务推荐，从而提升客户的忠诚度和满意度。2012 年上线的滴滴打车就是这一阶段的典型例子。滴滴通过司机端和乘客端 App 提供打车服务，实时跟踪双方的位置信息并根据供需情况、司机评分等大数据动态调整定价，在几分钟内为乘客安排最合适的司机，彻底改变了传统出租车行业。

大数据时代下，中国零售企业快速追赶国外的行业巨头。所以，我们选取阿里巴巴旗下的盒马鲜生作为该时代的典型案例。与类似亚马逊的淘宝网（电子商务）加阿里云（互联网基础设施）不同，创立于 2015 年的盒马鲜生将线上和线下融合，打破零售的边界，为顾客提供无缝的 O2O（线上到线下）购物体验。盒马鲜生在线下门店为线上 App 引流的宣传如图 7-4 所示。这种做法不但可以整合线上和线下的资源，还能增强用户黏性，提升供应链效率，掌控更多消费者的购物场景和数据，并借助大数据分析进一步优化资源配置，形成闭环，最终成为阿里巴巴新零售的旗舰品牌。

● 图 7-4　盒马鲜生的线下门店悬挂移动端 App 的宣传条幅

2021 年，时任盒马副总裁的沈丽在"中国零售圈大会"上说道"零售的本质是不变的，我们用一种创新思维做的时候，发现其实每一个行业每一个商品都值得重新再做一遍，背后就是你的创新，打破你的固化思维模式。"不变的是零售的本质，变化的是数字化技术。移动互联网、物联网、4G/5G 网络、大数据分析等数字化技术的普及，让盒马有底气将"融合"提升到最重要的战略位置，从数据融合、技术融合到体验融合，从渠道融合再到供应链融合，为持续增长保驾护航。为此，盒马乃至阿里巴巴集团的数字化战略也突出了融合的概念，将集团旗下的电商、支付、物流和金融等诸多服务进行整合，如淘宝、支付宝、菜鸟网络、AliExpress 等，最终为客户呈现全新的购物体验与有竞争力的商品价格。除了体验出众的盒马 App 外，更值得关注的是大数据技术得到了广泛应用，源于整个链条的海量数据被生产、采集、存储和分析计算，最终形成覆盖选品、消费、体验等用户接触点的分析结果。基于大数据分析结果，盒马通过"千人千面"的个性化消费需求来优化产品供给，比如推出更多半成品、即食产品等，颠覆了传统零售的品类管理方式。

回看盒马与亚马逊的数字化战略，我们会发现同为零售行业的两家龙头企业，分别采用了新零售和混合电商的商业模式，从这个角度出发，我们能看到他们采取了差异化的数字化战略。

- 盒马：以线上线下一体化、新零售和即时配送为核心，战略重点是通过物联网技术优化配送，再利用移动端应用结合本地化运营打造差异化的购物体验，构建全渠道的消费生态圈。
- 亚马逊：以平台化生态、客户体验、全球化扩展和技术创新为核心，战略重点是通过深化互联网和技术创新构建开放的生态系统，形成横跨零售和云服务两个领域的全球化市场领导地位。

汇总移动互联网和大数据时代的数字化战略，主要以数据驱动的决策和个性化服务为核心。企业通过移动应用平台与客户保持互动，获得数据后再利用大数据技术优化业务流程和客户体验设计。让数据成为企业数字化战略的核心资源，是这个时代数字化转型的主旋律。

但我们依然要清醒地认识到，大数据技术的出现让很多人以为可以通过技术了解顾客，而不是我们对顾客的直觉。有些组织的高层对于了解顾客体验，以及在此基础上设计并选择可能的发展道路，几乎没有兴趣或者没有想法，仅依赖于数据报表。大数据确实能帮我们分析客户行为，但不能告诉我们顾客的真实感受，不能告诉我们应该在哪里主动出击。在理解顾客的真实体验，寻求数字与真实之间的关联，了解企业与顾客的关联，以及最终做出判断决策等方面，还需要依靠人的智慧。这一点不但对零售行业很重要，其他行业亦然。

▶▶ 7.1.4　智能化时代（2020 年及当下）的数字化战略

2018 年，美国的 OpenAI 公司推出了第一代生成式预训练人工智能模型 GPT-1。经过 4 年多的优化迭代，ChatGPT 聊天机器人发布。从科技类媒体到泛行业媒体，人工智能实现了"出圈"，获得了公众的广泛关注。不出意外的话，这个时代可以冠以"智能化时代"，在数字化发展史上留下浓重的一笔。事实上，出版本书的 2025 年，智能化时代刚刚开启，新一代数字化技术刚崭露头角。如果您期望基于这些技术来制定数字化战略，就需要对这些技术进行前瞻性研判；而这些并不是本书关注的重点，在这里不再赘述。

不过，通过上文对之前三个时代的回顾，我们还是能够寻找出一些规律：

- 数字化技术是数字化战略的突破口，引入能解决业务发展中面临的问题，或扫清创新探索的障碍。新一代数字化技术通常会为组织带来优势。
- 数字化技术的发展是累加的，每个时代的新技术都会和之前时代的技术相融合，这意味着数字化技术对业务发展的影响范围会随着时代的发展而不断扩大。

所以，我们有理由相信，身处智能化时代的我们在制定数字化战略时，必须有效利用人工智能、区块链等数字化技术，对业务模式进行根本性的转型。这个阶段的数字化不仅仅是优化流程、服务和体验，而是通过智能化技术重新定义产品和服务的方式，创造全新的商业模式甚至全新的行业。

7.2 如何制定数字化战略

数字化战略的两大驱动因素是数字化技术和组织级战略，只有将两者充分结合，才能发挥出数字化转型的最大价值。如果您的组织还没有制定数字化战略的标准化流程，或者您是第一次起草数字化战略，本节的内容会对您有所帮助，否则，本节内容仅供参考，以您组织的标准或习惯为准。

▶▶ 7.2.1 制定数字化战略的六个步骤

数字化战略的制定可以简单划分为 6 个步骤，其中第 2、4 和 5 步涉及大量数字化技术内容，专业性较强，需要投入的工作量也比较大。我们推荐您在执笔数字化战略时，可以与 IT 部门的架构师合作完成。

（1）**对齐业务目标**。清楚了解组织的整体战略和业务目标是数字化战略的起点。您可以充分利用上文中介绍到的"数字化转型指导委员会"机制，组织高层战略讨论会议，明确企业的长期愿景与使命，并根据市场和运营数据来识别业务增长机会，最后将其总结为符合 SMART 原则（具体、可度量、可以达到、有相关性、有截止期限）的业务目标，并达成共识。业务目标需要和整体战略匹配，避免被短期利益扭曲，这一点在指导委员会的会议上需要您和高层领导们保持一致。比如，上文中提到的沃尔玛，基于对其连锁超市的业务特征的分析，决定将提升供应链效率选取为业务目标，这个目标直接催生了 Retail Link 系统，实现了供应链数据共享。

（2）**评估技术现状与发展趋势**。在制定数字化战略之前，我们推荐您驱动上文中介绍到的

"数字化转型领导委员会"组织一次数字化现状评估，评估的重点是组织现有的技术基础设施和能力，包括团队、硬件、软件、网络和安全性等方面，尤其要关注核心业务流程的数字化水平。此外，您还需要通过行业研究报告、技术媒体等渠道了解当前数字化技术发展的现状，并对其发展趋势进行研判，识别潜在的技术机会和挑战。比如，海尔集团在某次技术现状评估中发现生产设备和管理系统大多没有实现数据互通，部分设备甚至缺乏数据互联能力，尚处在非数字化向半数字化过渡的水平；另一方面工业互联网技术日趋成熟、设备成本持续下降。这些信息引导海尔着力打造了联通管理系统和智能硬件的 COSMOPlat 工业互联网平台，并且在新投产的上合冰箱互联一工厂中全面采用，实现了多型号混流生产和柔性制造。

（3）设置数字化目标。基于业务目标和技术评估，您需要设定符合 SMART 原则的数字化目标。这里的目标可以简单理解为数字化技术与业务目标的结合点。以制造业或批发零售行业企业的数字化转型为例，数字化目标倾向于在产业链、客户体验、生产优化等环节中诞生，以打造新时代的差异化竞争优势。值得注意的是，这个目标在制定时充分参考了对数字化技术的趋势研判，而这很可能会导致目标和实际效果的偏差，所以您还需要定期回顾和调整目标，确保其具有挑战性但可实现。数字化目标的调整频率通常高于数字化战略本身，前者通常仅需要体现在定期的汇报中，后者则需要在指导委员会中达成广泛共识。组织的数字化目标通常比较多样，且数量众多。比如，美国梅奥诊所在 2017 年将在五年内实现全面的电子病历系统（EMR）覆盖作为数字化目标，以提高医疗服务的效率和准确性。

（4）制定相关规范。为了确保数字化转型的顺利实施，组织需要制定一系列规范，包括选择合适的技术平台、设计系统架构、制定数据管理和安全策略，以及培养数字化文化等。通常意义上讲，技术、工具、架构、组织等规范都属于实施的范畴，不会被纳入战略中。但考虑到数字化转型的特殊性，上述内容很可能会对数字化转型的实施产生战略级的影响。如采用低代码技术开发还是编码开发，会为开发效率带来 50% 以上甚至数倍的差异；而分布式数字化中心和集中式数字化中心的决策也意味着完全不同的数字化转型推进方法。所以，将这些规范纳入战略中，指导委员会上达成的共识很可能会让后续工作的管理阻力降低一些。

（5）制定路线图与阶段性目标。在上一章节中我们提到了利用阶段性目标来避免误区的做法，在编写数字化战略上就能得到验证。您需要和您的 IT 部门同事一起，将数字化目标分解为具体的行动计划和阶段性目标，制定详细的实施路线图。每个阶段都需要有明确的任务和里程碑。和数字化目标一样，路线图也需要保持一定的灵活性，可以适应目标和技术的变化，或及时做出调整。如西门子在向制造业客户推广其 MindSphere 平台时，会引导客户的 CIO 设定每季度的里程碑，包括完成设备联网、实现数据实时监控、引入预测性维护系统等。这种做法能让客户在短期内看到数字化转型的成效，在很大程度上确保这种长周期、高投入项目的成功率。

（6）确立和校准数字化战略。最终，您需要在指导委员会中和高层达成最广泛共识，正式确立整体的数字化战略，并以此指导后续的数字化转型实践。

数字化战略不是一成不变的，需要根据市场变化和技术进步不断调整和优化。您的第一版数字化战略并不是这项工作的终点，而是下一个阶段的起点。请继续保持敏锐的观察力，紧跟数字化技术的发展；继续保持高效的沟通力，确保与组织整体战略同步。

▶▶ 7.2.2　案例：一份数字化战略模板

在本小节中，我们准备了一个基础版本的数字化战略模板，供您参考使用。模板中的组织是一家专注于软件开发工具的公司，制定该战略时距离公司成立已有 40 余年。受限于篇幅，这份数字化战略的内容已做简化，仅节选了"开发者关系"与"用户学习体验提升"主题下有关的部分。

1. 愿景与目标

- 公司整体愿景：
  - 赋能开发者。
  - 填写说明：数字化转型需要支持公司未来的长期发展愿景。首先明确企业的愿景是什么，数字化战略如何助力公司实现这一愿景。例：成为行业领先的智能制造企业，实现全球业务扩展和市场份额的提升。
- 数字化目标（节选）：
  - 通过数字化转型升级提升用户学习体验，从而帮助客户成功。具体而言，需要在 3 年时间内，将客户满意度调查中相关负面反馈的占比降低到……
  - 填写说明：根据企业整体战略，确定数字化的具体目标。这些目标应当是清晰、可衡量且能够推动企业核心业务的。例如通过数字化转型提升客户体验、优化运营效率、实现全渠道销售、提升数据驱动决策能力等。

2. 现状分析

- 内部现状评估（节选）：
  - 公司的业务流程中……已实现全数字化，……为半数字化、未数字化流程。
  - 用户学习流程属于半数字化水平。用户学习路径上的直播课、视频教学、线下培训和认证考试都有定制化软件支撑，各系统采用了不同的技术栈开发，维护难度大；部分系统开发时间较早，用户体验亟待提升；各系统的数据没有完全整合，缺少统一的查询界面。
  - 公司建设有稳定运行的 PaaS 和 IaaS 公有云服务平台，服务器资源的清单如下……
  - 公司采用集中式数字化中心模式。研发层中项目经理（兼低代码开发）……人，低代码开发……人，编码开发……人；需求层中业务数字化专家（兼产品经理和测试）……人；支撑层中架构师（兼编码开发）……人，数据管理和运维……人。必要时可从生产团队（开发工具类软件产品的开发团队）抽调力量来加强研发层力量。

○ 填写说明：评估当前公司的 IT 基础设施、数字化能力和现有流程的成熟度。识别现有系统、数据孤岛、技术栈及人员技能等方面的短板，包含 IT 基础设施分析（当前系统、硬件、软件架构状况）、数据管理现状（数据质量、存储、分析和利用的现状）和人员组织架构（如数字化中心的架构、各层人员的配置、人才技能差距等）。

- 外部市场环境分析（节选）：

  ○ 公司的成熟产品有很强的竞争力，但部分新产品在商业上承压严重。整体上讲，公司在数字化转型上的投资仍需关注"性价比"，可适当拉长周期，通过多次迭代来达到预期目标，以降低风险。在开发者的学习体验层面，公司的资源建设在行业内具有优势，积累了大量的学习素材，最大的挑战源于现有系统为用户带来的学习体验距离主流慕课平台培养出的心理预期有一定差距，而且数据互通性差，导致技术支持和销售团队的同事难以及时了解客户方开发者的学习情况，从而无法提供更具个性化的服务，这一点和行业竞争对手相比处在下风；

  ○ 生成式人工智能技术快速进步的同时，自建模型的成本持续降低；慕课化课程运营的模式和体验已日趋成熟；OBS 直播推流的服务成本显著降低；

  ○ 小鹅通等线上课程平台无法满足公司对学习平台的业务需求；

  ○ 填写说明：分析行业趋势、竞争格局以及数字化对行业的影响。对标行业内其他企业的数字化战略，分析机会和挑战，包含行业数字化趋势（技术变革、客户期望变化等）和竞争对手分析（竞争对手的数字化成熟度及战略）。

3. 数字化战略核心（节选）

- 优化开发者学习路径：以"开发者学堂"为中心，通过数字化手段整合和优化学习路径上各个节点，全面提升线上学习、线下培训和认证考试的体验。目标是加快用户学习产品的速度，使之能适应新的开发工具并为客户创造价值。

- 整合开发者学习数据：基于"开发者学堂"整合开发者的学习数据，在保障隐私和数据安全的前提下，以多种维度呈现给相关人员，如帮助技术支持人员为客户提供个性化的高效服务，帮助客户的技术管理人员掌握旗下开发者学习时的成果数据和过程数据等。

4. 实施路线图（节选）

- 短期计划：6 个月。

  ○ "开发者学堂"一期投入使用，将视频课程和直播课程迁移到该平台运行；内部员工可查询两类课程的学习数据。

- 填写说明：快速取得成果，建立信心。可以选择低成本、短周期的数字化项目开始实施。

- 中期计划：24 个月。
  - "开发者学堂"全部功能投入使用，将视频课程、直播课程、线下培训、认证考试全部迁移到该平台运营，内部员工与合作伙伴均可查看对应的学习数据和统计报表。
- 长期计划：3 年。
  - "开发者学堂"具备一定的智能化水平，实现从学习内容、教学交互到考试评价的个性化和自动化，在保障学习效果的基础上，大幅降低公司技术人员的投入。

5. 重要技术规范与共识（节选）

- 走自主开发路线，不采用外包开发或项目整包等方式引入第三方信息化服务商；
- 数字化系统原则上采用低代码开发平台构建；
- 编码开发和低代码开发均需遵循公司的最佳实践文档要求；
- 业务团队为每个数字化系统指派固定的骨干员工兼任产品经理，以业务数字化专家的身份主导系统设计，并负责使用培训和反馈收集工作。

……

7.3 数字化战略中关于"怎么做"的若干问题

解决了方法论问题后，我们根据既往项目经验，帮您整理了几个数字化战略内容以外的问题，这些问题的答案通常会对数字化战略的实施带来重大影响。

▶▶ 7.3.1 承担数字化建设重任的组织：数字化中心该如何构建？

数字化中心概念的提出源于很多传统行业企业在数字化转型过程中遇到的困境。大多数传统企业在多年的数字化探索中，基于生产部门的零散化需求构建或引入数字化应用，导致数字化团队分散于生产部门，且大部分是以兼职身份利用业余时间做些探索性研究或工程应用的专业技术人员，缺乏软件开发、数据治理、人工智能、数字孪生等专职研发人员；现有数字化平台的系统集成与数据共享不足，存在信息壁垒和数据孤岛，数据治理水平较低，数据价值没有得到充分挖掘和利用。凡此种种，严重阻碍了企业数字化转型的进程。为了解决这一问题，对组织架构进行重构，打造数字化中心的是一个行之有效的方案。

数字化中心是一个建构在 IT 部门之上的实体或虚拟组织，承担数字化建设和运维的责任，如健全数字化应用技术体系与管理体系，建立健全数据交互标准与安全标准，开展数字化底层平台规划与建设、关键技术研究、开发与系统集成，大数据中心应用的规划与建设，客户服务数字化应用的规划与建设，数字化人才培养、梯队建设和绩效考核等。从数字化转型的大量案例中，我们发现由于专业壁垒的客观存在，业务线上的流程、策略非常复杂，将这些需求完全交给数字化中心的软件专业人员并不现实也没有必要。所以，在数字化中心里除了来自IT部门的技术人员，还包括通过借调等方式吸收进该中心的部分业务技术骨干。这些技术骨干掌握了业务需求的全貌，还能深入理解业务需求背后的背景信息，是业务部门和IT部门间的沟通桥梁。借用互联网服务商提出的概念，这些人可以被称为"产品经理"或"业务数字化专家"，区别是前者需要参与系统的方案设计，后者则更关注需求和反馈阶段。一定程度上，来自业务部门的产品经理在数字化中心的存在，正是"业务主导"原则的具体体现之一；他负责基于业务背景，梳理业务需求，设计业务系统并最终对该系统的交付和反馈做出评价。

数字化中心通常按照项目组的形式运作，采用项目经理负责制进行管理。每个项目组设置的岗位有项目经理、产品经理、架构师、数据管理工程师、开发工程师、测试工程师和运维工程师。在"业务主导"原则的指导下，为了确保项目在业务部门发挥出全部价值，我们需要确保在一个项目中，项目组成员同时具备方案设计、软件开发和实施培训这三种能力，覆盖从需求到方案、从方案到软件、从软件到操作的重点环节。当然，对于小型项目来说，我们也可将项目组合并为仅有项目经理和开发工程师两个岗位，其中项目经理负责方案设计、项目管理工作，甚至参与开发或测试工作。这种做法在编码开发的技术方案下几乎难以实现，但低代码技术的引入让2~3人规模的微型团队成为现实。但您仍然需要注意，一个项目组原则上不能低于两个人，以规避人事风险。

随着数字化中心的项目运作日趋成熟，数字化中心倾向于在纵向项目管理的基础上，将产品经理团队从项目组中抽离出来，单独设置为需求层，对齐系统体验设计方法和经验，便于通过组织集体学习（包含但不限于应用软件开发体验营、用户体验设计Workshop等）来加快岗位技能学习，确保组织内系统设计的统一性与延续性；再把系统架构师、数据管理工程师、运维工程师、测试工程师等人员集中起来组成支撑团队，为各个项目提供支撑，这种做法除了可以提升人力资源的利用效率，还能通过共享机制，确保各项技术标准的对齐，从根本上避免了数据孤岛或管理孤岛的出现；和项目经理与开发工程师构成的研发团队一起，形成三层的水平管理机制，如图7-5所示。这种架构具备较强的稳定性，不论是采用编码开发还是引入低代码开发，整体框架可直接沿用，仅需针对开发技术的特点进行岗位层面的微调即可。

此外，对于集团型企业或组织来说，组织人数多，业务部门也多，仅在集团总部设置一个数字化中心来满足全集团的数字化建设和运维的"集中式数字化中心"存在一定的弊端，主要体现在两个方面：其一，数字化中心的人员和项目组数量过多，难以管理；其二，会拉远业务团队和开发团队的物理距离，尤其是对于异地化的组织架构来说，这一点会更加明显。所以，部分组织开始尝试组建"分布式数字化中心"，在总部之外，为下级单位设置数字化中心，并给该中心赋予一定的数字化建设权限，主要承担本单位和下级单位的数字化建设与运维。

● 图 7-5　传统的企业数字化中心团队架构

由于管理风格和下级单位的数字化基础不同，分布式数字化中心也有不同的建设方法。

● 模式一：如果下级单位比较分散，每个单位的人数较少，无法承担完整版数字化中心的建设成本，可仅将"需求层"下放，即总部负责研发层和支撑层，下级单位的数字化中心仅承担需求调研、系统设计、实施培训和反馈调研任务。

● 模式二：如果下级单位的规模较大，可以承担研发层的成本，就可以将研发层、需求层和支撑层的测试人员一并下放，下级单位的数字化中心在总部的架构师等专业人士的指导下完成需求调研、系统设计、软件开发、实施培训和反馈调研工作，再由总部的数据管理师负责数据管理，运维工程师统一运维。

● 模式三：随着分布式数字化中心的运作日趋成熟，数据和运维规范逐步完善，下级单位的数字化中心也可以在上一种模式的基础上承担起架构设计、数据管理和运维等职责，实现独立运作。当然，下级单位的数据中心仍然需要通过总部的数据中台等基础设施完成数据上报和同步，并定期接受总部的各种合规审核。

表 7-1 为三种模式分布式数据中心的对比。事实上，采用集中式数字化中心还是分布式数字化中心，或采用哪种模式的分布式数字化中心，并没有严格意义上的优劣顺序，您需要根据组织的特点、数字化现状和预算情况综合考虑，设计出适合您组织的数字化中心架构，并通过领导委员会等机制，配合低代码等先进技术，确保其运行的秩序和效率。当然，引入低代码技术后，数字化中心的团队结构也需要做出一定的调整。在完成从编码开发的数字化中心向低代码数字化转型的升级后，该中心就可以彻底释放出低代码技术的全部生产力。我们将在稍后的章节中重

点了解开发团队转型升级相关的知识和经验。

表 7-1　分布式数据中心的三种模式对比

职　责	模　式　一	模　式　二	模　式　三
需求调研	下级单位	下级单位	下级单位
系统方案设计	总部	总部	下级单位
软件开发与测试	总部	下级单位	下级单位
运维管理	总部	总部	下级单位
数据管理	总部	总部	下级单位
实施培训	下级单位	下级单位	下级单位
反馈调研	下级单位	下级单位	下级单位

数字化中心的架构、资源和运作效率对组织的数字化转型落地起到非常重要的作用。所以，在大多数组织中，数字化中心的架构被划归入数字化战略中。如果您是从头开始做数字化转型，组织内尚未建设有数字化中心，可以将数字化中心的建设纳入数字化目标和数字化战略核心；如果您的组织已经建设有数字化中心，且战略覆盖的时间周期内不会对此进行调整，则将其纳入内部评估章节；如果您希望在战略覆盖的时间周期内做数字化中心重构，建议在内部评估章节中描述现状，然后将数字化中心重构作为一个数字化目标和战略核心来对待。

▶▶ 7.3.2　最重要的技术因素之一，为什么要引进低代码技术？

中学政治教科书中说"生产工具的进步带来生产力的发展，而生产力决定生产关系"。那么，作为新一代企业软件开发技术，低代码技术也势必会对数字化转型的战略带来不容忽视的影响。事实上，由可视化开发技术和程序合成为主要特征的低代码技术，能够给企业软件带来更高的开发效率，进而实现数字化的生产力提升。提升的幅度随着可视化开发在整个数字化建设中的占比提升而越发明显。这是低代码技术对数字化战略产生积极影响的底层逻辑。各种主流开发技术的对比请见表 7-2。

表 7-2　不同软件开发技术的差异和典型场景

开 发 技 术	示例	质量：软件对需求的满足度	效能：软件的运行性能	成本：开发软件所需的投入	典型场景
原生高级语言开发	C++	※※※※※	※※※※※	※	系统软件、中间件
托管型高级语言开发	Java	※※※※	※※※※	※※	应用软件
低代码开发	活字格	※※※	※※※	※※※※	企业应用软件
办公软件	Excel	※※	※※	※※※※※	个人办公应用

对于数字化中心而言，引入低代码技术带来的生产力优势，能够加速现有业务需求的数字化进程。这一点在组织面对快速变化的市场环境时尤为明显。低代码技术加持下的数字化中心能够迅速开发和部署新的应用，以满足不断迭代的客户需求和业务挑战，具体表现为以下三点：

（1）随着互联网技术和体验的快速普及，绝大多数组织的数字化建设速度显著低于组织内各层级成员的预期，集中表现为数字化需求的严重积压。数字化中心的案头积攒有数十甚至上百个源于各业务部门的建设需求已经成为常态。需求积压越严重，业务部门对数字化中心的抱怨就会越多。"一屋不扫，何以扫天下"。通过积极引入低代码等高生产力的开发技术，数字化中心能加速扫清需求积压，特别是高价值的核心场景需求，可以有效提升组织对数字化中心的评价以及对数字化转型的信心，最终扭转局面，为数字化转型战略的推进提供加速度。

（2）我们需要充分认识到核心业务场景需求的复杂性。在业务需求落地的过程中，数字化中心里即便有来自需求方的业务骨干人员作为业务专家甚至产品经理深度参与，也难免会遭遇数字化系统与业务需求的贴合度不高的窘境。这是一个普遍存在的风险，行业给出的解决方案是敏捷开发方法论，即通过快速迭代（从需求调研、方案设计、开发交付、收集用户反馈，然后针对这些反馈开展需求调研的完整循环）来替代传统软件工程的瀑布式开发方法论。敏捷方法论的最大挑战就是如何在有限的时间和人力成本内尽可能缩短每次迭代的时间。相比于编码开发，采用了低代码技术的数字化中心生产力更高，可以在维持人力资源不增加的前提下显著提升迭代速度，如将原来需要一个月才能完成的迭代缩短到两周。这意味着数字化中心可以通过收集用户反馈，快速完成必要的调整和改进，确保数字化系统能够及时适应业务的变化，提升数字化战略的落地质量。

（3）在智能化时代，新的数字化技术正处在井喷式发展阶段。新技术层出不穷，新技术的应用场景也在不断推陈出新。在此背景下，低代码技术为数字化中心带来的灵活性和敏捷性对成功运用新技术来说至关重要。数字化中心可以利用低代码平台快速构建出新技术与业务需求融合的原型，与相关业务部门沟通确认后，将原型转化为新的解决方案，发挥出新技术的真正价值，进而发现和放大数字化战略带来的新价值。

诚然，与低代码技术类似，能够大幅提升软件开发生产力的技术还有其他选项，如生成式人工智能辅助开发等，但从完整度、成熟度等角度看，低代码技术在 2020 乍存在较强的竞争优势。随着与人工智能技术的深入融合（详情参见本书中第 1 章的相关内容），低代码技术的未来发展前景会更加广阔，得到越来越多组织的青睐。在此，我们可以做出一个论断：低代码技术必将成为智能化时代的数字化转型加速器。在这个时代，大部分的组织数字化转型战略，基本上等同于低代码战略：以低代码为开发平台，将各项数字化技术创新与业务战略紧密结合，为组织打造差异化竞争优势。

微案例27——山东中法合资摩托车制造企业

该企业的中方工厂成立于1956年，在近70年的运营中经历了多次数字化技术变革，初步建立了一套以ERP平台底座融合多个软件系统，以人、财、物、产、供、销的企业资源六要素为核心的"业财一体化"管控体系。在最新一版的数字化战略中，该企业提出了打通数据孤岛，实现"基于数据的决策支撑"的数字化目标。整合这些采购自多个供应商的异构系统，势必要构建大量用于数据集成、流程集成和业务补位的软件，甚至需要针对部分老旧的系统做现代化改造和替换。这意味着大量的定制化软件开发工作。然而长期的数字化建设经验让团队认识到，即便一个中等规模的应用，在前期就要投入数百万的开发成本；应用构建完成后，还需要不断打磨和修改才能投入实际业务应用中。应用开发与维护的人力和物力成本已经成为企业数字化转型的主要瓶颈，在企业可以承受的预算内，无法通过传统的编码开发方式来完成这些工作。"技术的问题需要用更先进的技术来解决"。为了在有限的预算内达成数字化目标，提升数字化战略的可行性，该企业将低代码技术纳入到数字化战略中，并将低代码定位于打通各软件应用的基础平台，如图7-6所示，承载包括数据中台和决策分析平台的定制化数据深度应用，推动企业数字化转型的可持续发展。

● 图 7-6　数字化架构中的低代码开发平台

进入数字化战略的实施阶段，新引入的低代码技术在第一年内就展现出了相比编码开发的生产力优势。使用低代码开发、新投入业务使用的库龄预测分析、采购单据等应用均得到了提出该需求的业务团队的一致好评，为后续的数字化转型工作赢得了更多资源和支持。

▶▶ 7.3.3　现状评估的最大挑战之一，如何评估业务流程的数字化水平？

在之前的章节中我们详细介绍过企业信息管理成熟度和数据管理成熟度模型，这两个方法论都可以帮助我们从整体上评估组织的数字化水平。但是，作为数字化战略制定的重要支撑，数字化现状评估环节中我们需要关注更多细节。从过往的咨询经验上看，其中最大的挑战是如何梳理出业务流程，并准确评估出该业务流程的数字化水平。

考虑到数字化战略支撑组织业务发展的大方针，现状评估中的对"业务流程"的定义与选取需要满足完整性要求，即站在客户、供应商或内部客户（如人事部门面向新入职员工时，新入职员工可视为人事部门的内部客户）的视角，该业务流程需要提供一项完整的产品或服务，通常会涵盖多个业务部门的多项工作，其中涉及的协作和审批等均需纳入流程中。如制造业面向直销客户的产品销售流程，需要包含下单、审核、生产、质检、物流等环节；再比如人事部门的新员工入职流程，则需要包含登记、建档、IT、工资、社保等环节。

对于一个跨部门、跨岗位甚至跨分支机构的完整流程，其数字化水平的评判结果通常也不会符合"是和否的二分法"，而是三种状态：

（1）未数字化：这个状态指该流程的全部环节均没有纳入数字化系统的范围之内，如仅采用了 Excel 等办公软件甚至纸质单据管理。评估工作的重点在于识别承载该业务的是否属于数字化系统。通常情况下，我们建议将能够实现结构化数据存储（如数据库）、提供输入校验（如数据类型、范围等）的软件视为数字化系统。大到 ERP、小到互联网上的在线问卷，都可以视为数字化系统。

（2）半数字化：这个状态指流程中仅部分环节纳入了数字化系统，或全部环节纳入了数字化系统，但各个系统的数据无法打通，形成数据孤岛。评估工作的重点在于判定是否存在数据孤岛现象。在项目实践中，我们建议引入数据管理的方法论，从数据有效性、一致性、实时性等技术维度对流程所涉及的数字化系统进行评判，如果这些技术评分低于预期（如某个环节中特定的数据本应落入另一个环节的处理结果中，却缺乏相应的校验逻辑，在绝大多数组织中都会被认定为数据孤岛；而某个数据本应从上一环节中传递过来作为默认值，却没有做到，会在部分要求严格的组织中被认定为数据孤岛，而部分组织则不这么认为），则可以认定为半数字化状态。

（3）全数字化：全数字化是一个相对理想的状态，即该流程中的全部环节均被纳入数字化系统，且各个环节的数据实现了完全互通。需要注意的是，一个流程在某次现状评估时达到了全数字化水平，并不意味着在下次评估时默认也处在该状态。业务流程的变化是难以避免的，如果数字化系统的建设没有跟上业务流程的变化，就会导致原本达到全数字化水平的流程退回到半数字化。

除了在制定数字化战略时对业务流程的数字化水平进行现状评估外，我们推荐您定期针对核心业务流程或组织领导层关注的边缘业务流程进行重新评估，确保组织内对数字化发展现状保持共识。这一点对推动数字化转型战略也有较强的积极意义，对于竞争激烈、处在业务转型期的组织更是如此。

微案例 28——广东省生物医药制造企业

该企业重视信息化建设，已引入用友 U8+ ERP 系统、泛微 OA 系统等软件辅助企业管理。在排查企业数字化现状时，工作组发现企业在用的固定资产数量较多，且随着客户订单个性化的要求越来越高，各个车间之间互相借用设备的情况普遍发生。但 OA 和 ERP 数据不通，一线工作人员需要在 OA 系统中发起调拨审批，审批通过后再经现场确认才通知到财务部门，最后由财务部门手动修改 ERP 中的资产信息。这种做法经常导致 ERP 系统中的固定资产账目与实际不符，继而影响到每月各部门资产折旧金额的准确性，最终带来了产品成本的偏差。所以，工作组将资产调拨流程定义为"半自动化"状态。

在财务部门的主导下，数字化团队以"固定资产管理系统改造"为抓手，打通了资产调拨流程，让 PC 端条码打印、OA 划拨审批、移动端现场确认、ERP 数据更新等环节全部纳入信息化系统。该系统全部采用低代码技术开发，由移动端、嵌入 ERP 的 PC 端以及 OA/ERP 集成接口构成。一线人员在固定资产管理系统的移动端中发起调拨申请，后台人员在 OA 上即可完成审批，待一线人员现场扫码确认后，ERP 中的资产信息自动完成更新。随着该应用在业务团队的落地，资产调拨流程的数字化水平也被升级到了全数字化状态。

7.4 小结

数字化战略是数字化转型的基础，更是管理层在数字化领域的共识。我们推荐数字化转型负责人高度重视制定数字化战略的工作。向前看，了解数字化技术的发展趋势；向后看，对齐自身数字化现状与业务战略。这就是数字化转型战略的现实意义。

第8章

完成低代码技术的评估与产品选型

数字化战略和低代码战略经指导委员会批准后，就进入了实施阶段。"工欲善其事，必先利其器"，您现在可以考虑战略中各项数字化技术的评估和产品选型工作了。这一阶段的工作将由指导委员会或指导委员会指派的数字化中心负责，该中心所在的领导委员会提供支持。

选择技术和产品的过程，一方面可以帮助您从第三方视角审视数字化战略的实施方案，另一方面也是为您组织的数字化转型寻找长期的合作伙伴。所以，成体系化的选型工作可以帮助您的组织少走弯路，为后面的采购流程提供技术上的支撑，降低技术风险，加速数字化战略落地。

在开始选型工作前，我们需要先选择合适的方法论。

8.1 评估数字化技术的四种方法论

从 IT 部门的概念被提出开始，对数字化技术和产品的评估工作一直都是该部门工作的重要组成部分。随着数字化技术的发展以及组织对数字化技术接纳程度的提升，这种评估工作先后演化出四种方法论。严格意义上说，这四种方法论有各自适用的场景，没有绝对的优劣之分。但通常情况下，更高价值、更长期使用的数字化技术倾向于采用更高阶的方法论。

▶▶ 8.1.1 通用型产品：功能驱动

功能驱动，顾名思义，就是将评估的重心放在数字化技术的核心功能实现能力上。该方法论主要用于快速解决具体的、通用的数字化需求问题，如为负责发货的团队采购集成了热敏标签打印功能的 Android 平台 PDA 时，仅需要关注该 PDA 是否可以打印出发货单、是否兼容现有移动端软件即可。

采用该方法论评估低代码时，评估人员主要关注低代码平台的基础功能，比如可视化开发界面、基本的应用构建能力和简单的自动化流程等，优先选择预算范围内功能最全面的低代码平台。考虑到采用此类方法论前，评估团队已经整理出具体的应用场景，且场景规模通常较小，不涉及核心业务或重要数据。在具体操作中，评估人员会要求被评估的产品厂商基于某个或多个场景进行原型验证，以确认平台是否满足这些项目的基本开发需求，从而建立该平台可以满足其他类似应用场景开发工作的信心。在满足功能需求的前提下，组织倾向于采购费用更低的低代码平台产品。

需要注意的是，功能驱动方法论更强调平台功能的完整性，注重快速满足基本的业务应用需求，但通常不涉及对配套服务、扩展性或兼容性的深入考量。

▶▶ 8.1.2 长期使用、需要配套投入的产品：全生命周期驱动

随着成本控制成为组织对 IT 部门的重点要求，评估时需要在"功能驱动"的基础上，将该技术的全生命周期以及总体拥有成本提升到重点位置。该方法论通常用于那些需要长期使用并伴有配套投入的通用型数字化技术，如为市场团队采购云端的线上直播平台时，除了关注该平台是否可以支撑直播活动流程与数据分析要求外，还需要考虑该平台提供的专属微信群支持服务，以及流量成本为代表的长期成本因素。

采用该方法论评估低代码时，评估人员在采用"功能驱动"方法完成对平台功能的打分后，还需从技术和商务两个角度进行扩展。商务层面，评估人员需要在计算成本时将配套的基础设施（如云主机、云存储等）采购成本、实施咨询和培训成本、技术支持成本和长期维护费用（具体时长通常与数字化战略的周期匹配，假如战略的实施周期还剩 5 年，低代码平台的维护费用也推荐按照 5 年计算）一并纳入考量，形成低代码平台的全生命周期成本，最终以该成本而不是低代码平台的采购费用作为比较的标准。

全生命周期成本驱动的本质是衡量该技术的"长期性"，所以，该方法论不仅体现在成本核算方式上，更体现在引导评估人员考虑低代码技术为组织带来价值的整个过程中可以提供的长期便利，如厂商配套的教程是否全面、技术支持服务是否专业、产品能力更新是否及时等。考虑到低代码平台在数字化战略中的重要位置，我们建议评估人员通过对厂商与产品的发展史和客户案例进行研究和确认，关注平台厂商的可持续性。尤其是不支持私有化部署的云产品，更需关注如何避免厂商退出该市场带来的损失。

全生命周期方法论优先响应了组织对成本控制的需求，注重 IT 投资的费效比，但是在数字化技术的功能评估上仍然较为局限。

▶▶ 8.1.3 需要融入数字化整体架构的产品：生态驱动

实践表明，前两种方法论通常适用于可独立运行的、通用型的数字化技术评估，对于定制化程度强、需要融入组织数字化整体架构的技术，评估人员需要在"全生命周期方法论"的基础

上，将兼容性、集成性以及生态系统适应能力纳入关键考量，确保该技术能无缝集成现有系统，适配组织的技术架构和未来扩展方向。如为生产部门采购 MES 系统时，除了关注其基础功能和全生命周期成本外，还需要考虑该软件是否合规，以及是否能与 ERP 等现有系统无缝对接等。

这里讲的生态主要指技术生态，所以，采用该方法论评估低代码时，评估人员会进一步扩展功能打分的覆盖面，强调低代码平台与现有系统的兼容性。评估方式包括检查平台的开放接口、支持的协议和与其他系统的集成支持（如 ERP、CRM 等软件和数据中台等基础设施）。在此之外，低代码平台生态系统的丰富性（如支持的插件和扩展工具等）也是重要参考。需要注意的是，随着组织的信息管理成熟度和数据管理成熟度持续提升，对数据孤岛的容忍度也会随之降低，低代码平台的集成能力和开放性应该受到更高程度的重视。所以，在评估阶段，评估组织可以投入一定的精力，尝试将低代码平台与组织现有的一两个关键系统集成（如对接 ERP 和数据中台），观察低代码的兼容性和生态能力。

参照主流的"开发者关系"观点，开发者社区也是低代码生态的重要组成部分。活跃的开发者社区往往意味着该低代码平台得到了更多开发者的认可。引入这样的低代码开发平台，您在做人才招聘和培养时，会享受到更多便利。

生态驱动方法论在功能评估的层面进行了扩展，将开放性、可集成性以及开发者社区纳入评估范围。但针对低代码所属的开发技术细分领域的管理要求，还需要更多考量。

▶▶ 8.1.4　适配管理要求的产品：方法论驱动

方法论驱动这个表述有些拗口，指的是将被评估的数字化技术与特定的方法论相结合，在"生态驱动"的基础上重点评估该技术和产品与方法论的适配程度。在数字化技术评估中，将特定方法论引入评估过程是为了确保该技术与特定方法论的适配程度。这种方法通常用于需要与特定管理流程匹配的领域，如软件开发、产品设计、营销管理等，因为这些领域已积累了成熟的方法论，用以平衡效果、效率和风险控制。与这些方法论无缝适配的技术，能够为团队成员提供更平滑的学习路径，帮助他们更快地掌握并应用该技术，从而最大化其价值。

采用该方法论来评估以低代码为代表的软件开发技术，是一个非常值得推荐的做法。评估人员需要评估低代码平台与软件工程中成熟方法论的适配程度，包含但不限于敏捷式开发中的版本管理、配置管理、CI/CD 等。在实践中，我们推荐您在低代码平台厂商的指导下，尝试将该工具引入到现有的项目管理中，观察新技术和既有方法论的冲突，评估这些冲突中哪些会导致现有技术管理机制失效、哪些会显著提升团队的适应成本、哪些可以被团队接受、哪些冲突本身就是对现有方法论的补充和改进。

除了技术管理层面，评估人员还需要考察低代码平台与现有技术栈和技能矩阵的兼容性。比如开发团队以 C#开发人员为主，则需要考察低代码平台使用 C#进行扩展开发的接口是否丰富；团队中缺少 UI 设计能力，则需要关注低代码平台内置页面模板的视觉呈现。关于低代码团队建设和转型的最佳实践，在后面的章节中我们将做详细介绍，这里不再展开。

我们需要承认，从编码开发团队转型为低代码开发团队一定不是完全无感的，这一点与切换编程语言并不相同。团队需要做出一些改变，但需要在有计划、可控的前提下推进。所以，是否能在评估阶段尽可能地发现和解决团队迁移的问题，对加速低代码技术在组织中"落地生根"有重要意义。这也是采用"方法论驱动"的方法来完成低代码平台评估的重要价值之一。

8.2 由数字化中心承担低代码选型工作

明确了方法论后，您需要考虑将低代码选型工作交给谁来完成。在上文中我们认识到低代码技术在数字化战略中的重要地位。为了降低风险，我们强烈建议您将评估、选型和试运行工作集中在某个数字化中心，而不是在整个组织中推行。对于采用了分布式数字化中心的组织来说，您可以按照以下标准筛选出最适合承担评估工作的数字化中心。

- 选择有意愿推动新技术落地的，保证选型工作的驱动力；
- 选择数字化成熟度适中的，确保选型结果的普适性；
- 选择具有内部开发团队的，能够提供必要的专业力量，把选型工作做扎实；
- 选择数字化需求积压现象较轻的，尽量降低对现有数字化项目的影响；
- 选择与指导委员会沟通协作更顺畅的，减少管理层面的"摩擦力"。

在向数字化中心下达低代码选型工作要求前，您和您的同事需要基于组织的数字化转型战略进行一些准备工作，在下发的选型要求中明确以下五项重要信息：

- 目标场景：结合数字化战略中的"数字化目标"，描述低代码平台在短、中、远期的定位，应用场景的差异除了影响到功能需求，更与合规性、可维护性等技术要求紧密相关。如将低代码作为数字化解决方案的基座，覆盖全部数字化场景/围绕核心业务系统构建高弹性的周边应用/承担数据中台、集成平台等跨系统数据与流程整合工作/承载创新型业务的全部数字化需求/代替 OA 系统运行部分临时性的数据填报与审批场景。
- 应用模式：基于数字化战略中的"现状评估"，明确使用低代码产品的开发者群体和项目交付方式。如由低代码厂商或第三方服务商代为开发/内部开发团队使用/开发团队以外的技术人员（如产品经理、项目经理、实施运维人员等）使用/业务部门的非技术人员使用。
- 合规要求：综合组织内部合规和行业监管要求，定义低代码产品必须要满足的合规要求。如采用私有化部署/兼容信创服务器/采用 CAS 集中认证服务/ISO270001/通过组织内部安全审查。
- 预算范围：和预算对齐的预算金额，分为启动费用和长期运维费用。如果评估结果为组合方案（即方案中包含多个低代码产品，如一款面向开发人员的低代码和一款面向业务人员的零代码），该预算需覆盖组合方案中的全部产品。需要注意的是这里的预算通常是一个大致的范围，具体金额可能需要采购部门核准后才可以执行。

- 试点项目：从数字化战略的执行计划中选取与该数字化中心有关的一个或多个项目，作为低代码平台试点项目的候选项目。这些项目通常具有规模较小（不超过 100 个业务页面为宜）、集成度较低（除中台或主数据平台外，对接的系统不超过 2 个）、不涉及业务创新（推荐旧系统翻新或需求明确的内部系统）等特点。将试点项目融入评估选型过程中，可有效加快试运行节奏，早日在组织内完成低代码技术的大规模应用。

通常情况下，我们建议您和数字化中心的负责人提前沟通选型要求和计划，达成共识后就可以通过指导委员会/领导委员会机制发起该项工作，即由数字化指导委员会向数字化中心的领导委员会下发低代码选型工作要求。在这个过程中，您可以通过指导委员会再次凝聚引入低代码技术的共识，为后续工作的推进提供更多便利；承担选型工作的数字化中心也能借助领导委员会机制调整现有数字化项目的计划，为加速评估工作扫清障碍。

8.3 低代码产品选型流程分解

作为一种诞生至今不过十余年的新一代软件开发技术，我们需要在传统的软件开发技术和企业级软件选型流程的基础上，定制一套更适合低代码的选型方案。该方案需要兼顾"方法论驱动"和低代码的生产力优势，在评估阶段尽量覆盖到更多场景和方法论，降低因产品选型偏差导致重复建设的风险，为后续的数字化战略落地打下坚实的技术基础。和之前数字化组织架构章节类似，本节的选型流程也仅供您参考，具体工作还需遵循"实质大于形式"，将本书与您组织的实际情况相结合。

通常来说，数字化中心承接的低代码选型任务可以分成立项选型工作启动、开展评估工作和选型结果汇报三个阶段。从接收到评估要求到提交候选方案，总时长通常不超过一个月，如图 8-1 所示。

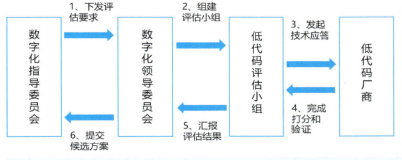

● 图 8-1　低代码产品选型流程图

▶▶ 8.3.1　领导委员会启动低代码选型工作

首先，承接了低代码选型的数字化中心需召集数字化转型领导委员会专题会议，抽调人员成立评估小组，正式启动低代码选型工作。

在小组的人选方面，我们需要认识到低代码产品选型是一个混合了专业性和事务性的工作。所以，我们建议由数字化中心负责人（领导委员会成员）作为组长，亲自负责该工作，并从 IT 部门开发团队中抽调不少于 2 名架构师或高级开发人员（次选岗位是项目经理和产品经理）担任技术组员，负责具体的评估和验证工作；再从运维团队甚至业务部门中抽调 2～3 名实习生等初级人员担任辅助组员，承担与厂商接洽、汇总各类资料等事务性工作，团队架构如图 8-2 所示。数字化中心负责人可提前与计划入选的技术组员一起制定具体的评估计划，以加快启动会议的进程。

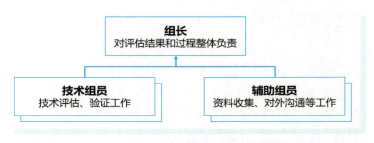

● 图 8-2　典型的低代码选型评估小组架构

需要注意的是，从开发团队中抽调高级别技术人员参与到低代码评估小组很可能对当前进行中的数字化项目产生影响。如需调整正在运行中的数字化项目交付计划，领导委员会可在启动会议中进行协调，尽量确保评估工作和其他开发工作的有序开展。

▶▶ 8.3.2　评估小组开展评估工作

评估小组在人员就位后，可召开首次工作会议，明确评估工作的方式方法和执行计划后，即启动评估工作。

评估工作以提交评估报告为目标，可划分为 4 个主要阶段：

（1）评估准备阶段：组长和技术组员需要学习低代码背景知识、"方法论驱动"的评估方法、组织的低代码评估要求，提前明确产品评估与验证的关键问题，建立评估框架，主要包括产品评分表、产品操作演示的环境要求，以及原型验证中的技术场景。产品评分表的打分项目通常分为产品、服务和厂商三个板块，除了软件开发生命周期各阶段的低代码开发能力、配套服务与培训、开发者社区与生态、与敏捷项目管理方法论的适配机制外，还需覆盖评估要求中的全部内容，尤其是合规要求，具体项目的权重可参考应用模式而定（如采月"业务部门的非技术人员使用"模式，软件开发全生命周期支持和编程扩展能力的权重就会降低）；演示环境需要尽量模拟使用者的真实环境，包含但不限于服务器操作系统、数据库版本等，必要时可将版本管理服务器和 CI/CD 服务器纳入其中；原型验证技术场景则主要源于目标场景、试点项目和合规要求，实际操作中，技术场景通常可以拆分为短期和长期两个列表，短期列表倾向于功能性，即直接选取试点项目的部分或全部模块；长期列表则更注重技术性，如特定的页面交互体验、复杂的业务逻辑处理、定时执行的复杂任务、大数据量/并发量下性能表现等，必要时，也可以将系统集成、服务器适配和终端适配（如 PDA、一体机等）纳入长期场景列表。需要注意的是，原型验证对于厂商来说是有成本投入的，所以不同的采购预算范围和采购规模通常意味着不同大小的场景列表。一些预算过低的场景下，评估小组仅会设计长期场景列表，甚至直接去掉原型验证环节。

（2）产品初筛阶段：全体组员通过阅读行业研究报告、咨询信息化服务商，以及同行业推荐等方式，整理出不少于 10 家主流低代码产品，形成候选清单。经组长确认后，辅助组员逐一联系候选低代码厂商，将准备阶段制定的打分表发给清单上的低代码厂商，收集厂商发回的自评打分和详细说明，同时汇总技术白皮书、同行业案例、同场景案例、技术规格文档等资料供评估小组参考，必要时可以通过厂商与案例中的客户进行沟通确认，确保其真实可信。基于上述资料，小组内通过讨论的形式开展初筛工作，即根据评估要求中的"目标场景""应用模式"与"合规要求"，对清单上的低代码产品进行筛选，排除掉与评估要求存在较大偏差的低代码产品，以提升后续工作的效率。如目标场景为覆盖全部数字化场景、应用模式为内部开发团队使用，排除掉主打服务非技术人员的零代码类产品；合规要求中明确支持私有化部署的话，排除掉仅支持云模式的 SaaS 形态产品。

（3）产品演示阶段：在辅助组员的联络下，低代码厂商在准备阶段制定的环境要求下，面向技术组员进行核心开发功能的现场演示和技术交流。在此基础上，我们推荐技术组员利用厂商提供试用版产品和入门培训材料在验证用环境上安装和部署低代码平台，重现厂商提供的操作演示，除了验证厂商演示和介绍的核心功能外，还能同步确认候选产品的易用性、培训资源等重要的非功能指标。本轮过后，评估小组在厂商自评的基础上，对各项评分进行初次调整。经讨论确认后，小组需选取评分位于前 n 家（具体数量需要与组织的招采政策对齐，也可酌情追加 1～2 家作为差额）的厂商入围。

（4）原型验证阶段：辅助组员通知入围厂商，请他们按照场景列表提前准备演示内容，再以线上或线下会议的形式进行展示和交流。为了确保评估工作的客观性，候选厂家需要针对相同的场景集合进行原型验证，以便于评估小组进行横向对比。在对比时，考虑到低代码开发"可视化开发覆盖面越大，总体开发效率越高"的特点，小组需要把握"能用可视化开发方式实现的优于需要编码开发的，大幅优于不能实现"的原则。全部厂商演示和交流完毕后，小组完成对打分表进行二次调整，形成各产品的最终评分。

（5）讨论得出评估结果：原型验证工作完成后，评估小组需要准备汇报材料，向领导委员会汇报评估结果。完整的评估报告需要包含以下内容：评估流程、评估标准（打分表、演示环境要求、原型验证场景等）、入围产品的优劣势等。如果评估小组认为组合使用多个低代码平台才能满足评估要求，则需要将该组合方案视作一个方案，单独列出并整理其优劣势。

作为评估结果中的重要组成部分，入围产品优劣势清单将作为最终决策的支持材料，需要评估小组认真准备。根据既往经验，该优劣势清单源于面向厂商售前和评估小组中的技术组员设计的产品打分表，需要用领导委员会和指导委员会成员能理解的、一定程度上"去技术化"的语言，将这些评估项目进行重新梳理。为了帮助评估小组做好该项工作，我们参考《开发者关系：方法与实践》（卡洛琳·莱科等著），将候选方案汇报中建议包含的技术信息列举为表8-1。

表 8-1　低代码评估结果中的技术信息

指标/打分项	技术信息
平台满足特定需求的功能	平台能做到……吗？
平台功能的比较优势	对比其他方案，平台在……上表现更好？
平台的合规性	平台是否满足我们的合规标准？
技术支持的水平和质量	我能否得到所需的帮助？ 是否有 SLA 保障？
平台厂商的可信性和稳定性	该厂商进入低代码领域多久？ 客户案例的真实性如何，能否让我跟平台的其他客户确认？ 该平台是否会保持可用并持续更新？
平台的定制化与系统集成能力	我是否可根据自己的需求进行定制？ 是否可以和……系统集成？
平台的开发者社区	使用该平台的开发者多吗？ 是否有组件分享机制？ 该社区有多活跃？
平台的管理兼容性	该平台与我们现有的技术栈如何适配？ 我们的开发团队需要做怎样的培训？
团队的转换成本	我们能否突破平台的技术瓶颈？ 与内部的技能是否匹配？

▶▶ 8.3.3　领导委员会提交候选方案，进入采购环节

领导委员会就评估工作和评估结果报告进行确认后，即可向指导委员会正式提交选型报告。在该报告中，需明确列出候选产品或产品组合的清单，以及各自的优劣势。指导委员会批准选型

报告后，接下来将进入的是商务采购环节，本书中将不再赘述。

▶▶ 8.3.4 数字化中心也可独立发起低代码选型与采购

随着分布式数字化中心的发展，更多组织倾向于为数字化中心进一步放权，如将低代码平台的采购权从组织统一采购下放到数字化中心一级，甚至允许某个数字化中心自行发起低代码的选型与采购，组织仅提供必要的指导和监管。在此模式下，数字化领导委员会将基于组织的数字化战略，自行启动低代码平台选型和试点计划，在满足组织级统一管理要求（如集成组织级数据中台、CAS 等）的前提下，以数字化中心支撑的业务需求为抓手展开实践，独立完成低代码平台选型和试点项目的开发与交付。如果数字化中心的低代码实践符合预期，得到指导委员会的认可，就能将该中心的实践推广到其他数字化中心，最终将低代码融入整个组织的数字化转型。如果实践与预期不符，也可以及时中止，避免更多数字化中心"重蹈覆辙"，降低组织的试错成本，及时启动下一轮低代码选型与试点。

在这种模式下，低代码选型的流程整体保持不变，仅需要做出以下调整：

- 由数字化中心的领导委员会自行提出评估要求，并确保该要求与组织的数字化战略保持一致；
- 领导委员会需要为选型工作做最终的决策，而不是指导委员会；
- 低代码平台相关预算由数字化中心承担，执行数字化中心的采购流程。

此外，部分采用了集中式数字化中心的组织因为政策或管理风格等原因也倾向于借鉴这种模式，在某个产品线或业务单元中启动低代码探索与实践。相较于拥有高度自主权的数字化中心，这些组织需要额外关注低代码实践的合规性和可管理性。即便低代码当下仅服务于部分团队，依然需要将其纳入数字化中心的管理和考核范围。

微案例 29——广东省日资制造企业

该企业为日资集团的中国工厂，负责办公设备的生产制造工作。集团的数字化成熟度在全球处于领先地位，其最新的数字化战略中要求工厂提升生产环节的数据统计水平，但位于中山市郊的工厂 IT 团队规模小，仅有的 3 名成员无法自主实现拆解到自身的数字化目标。为了扫清"被数字化遗忘的角落"，集团虽然没有统一引入低代码的计划，但授权该工厂自行引进低代码技术，在符合集团的数据安全等合规性要求的前提下，构建数字化应用，快速补齐数字化短板。为此，该工厂的 IT 团队化身为低代码评估小组，集中力量开展评估工作。

经过初筛、演示与合规验证后，集团推荐的活字格低代码开发平台成为首选方案。在独立完成了该低代码平台的选购工作后，5 个人的团队（包含 3 名从生产部门借调的非技术人员）在短短数月内完成了试点项目生产统计模块的开发与交付。低代码技术的引入，帮助该工厂解决了长期面对的定制开发能力不足问题，追赶上集团的数字化战略，跑出了数字化转型的中国速度。

8.4 案例：年度汇报材料中的低代码产品选型

为了向您展示低代码产品选型的真实过程，我们选取了湖北省某卷烟企业数字化中心的2023年度汇报材料中与低代码评估有关的部分，经过裁剪后展示给您，供您参考。

1. 项目背景

国家在十四五规划与2035年远景目标纲要中，提出"以数字化转型整体驱动生产方式变革"的目标，并明确了"引导企业强化数字化思维，提升员工数字技能和数据管理能力，全面系统推动企业研发设计、生产加工、经营管理、销售服务等业务数字化转型"的关键路径，为新时期烟草工业的转型升级指明了发展方向。

在此背景下，公司坚决贯彻落实习近平总书记重要指示精神，落实国务院国资委关于国有企业数字化转型工作的具体部署，积极提升全员数字化素养，推进公司数字化转型。

2. 现状分析

在项目启动前，我们针对企业的信息化需求现状进行了摸排和评估。评估体系遵从科学性、全面性、层次性、可比性、可操作性五项原则，通过对适用性、管理成熟度、紧急程度、价值这4个指标进行评价，全面了解公司目前的数字化水平，发现潜在的改进和创新机会。截止年初，公司共有565个末端流程，涉及企管、财务、物流、生产、设备、营销、后勤、安保、人力等20个部门，其中，全数字化的末端流程共有162个，没有数字化以及半数字化的末端流程共有403个。这些末端流程涉及企管、财务、物流、生产、设备等20个部门。这403个没有数字化的末端流程，数字化渗透率不足是推动数字化转型、培养全员数字化素养的重要阻碍。在此基础上，我们通过打分，将这些流程进一步划分为A、B、C、D、E 5个优先级。优先等级分布情况为高优先级（A级）的流程共有37个，中优先级（B级）的流程共有80个，一般优先级（C级）的流程共有16个，较低优先级（D级）的流程共有1个，低优先级（E级）的流程共有269个。

这些应用中有一部分流程复杂度较低，集中在C级以下，能拆分为小型、独立的服务，并且内部标准完成度较高，这些流程主要分布在党建、群团、后勤、厂办等部门。但工品、生产、工艺、设备等部门的未数字化流程大多属于公司核心业务、总公司直通业务建设范围或者涉及多传感器系统，对于系统稳定性、安全性、可扩展性、集成便利等都有很高要求，集中在A级和B级。

摸排后，我们决定将"着眼长期、稳步推进、关注实效"作为全员数字化的落地指导方针，短期目标为建设高质量的数字化系统，以覆盖高优先级、高复杂度业务流程为主，兼顾人才培养；在核心业务流程特别是生产环节完成数字化覆盖后，复制成功经验，批量培养各梯队的数字化人才。

3. 行动方法

确定方向后，我们随即展开行动。

方法论层面，参考既往的信息化建设实践经验，如何在有限的成本投入下完成高质量、定制化的解决方案构建，是摆在团队面前的首要课题。经过多方调研了解，我们引入了国际权威研究机构提出的双模 IT（敏态 IT+稳态 IT）的方法论，对数字化需求进行梳理和归类，将工作重点聚焦在需要快速迭代且风险可控的敏态 IT 部分。敏感开发实践在数字化整体方案中的定位如图 8-3 所示。

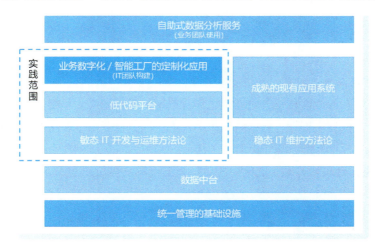

● 图 8-3　双模 IT 架构简图

技术落地层面，在双模 IT 的理论指导下，我们引入了低代码技术作为敏态开发的基座，优化软件开发链路，重构数字化系统的构建模式，打造低代码的敏态开发方法论。我们首先借助低代码技术的生产力优势，在保证可用性、安全性、可维护性等技术要求的基础上，针对公司的核心、重要业务流程有针对性构建定制化应用。这一过程中，低代码技术本身大幅压缩了应用开发和交付的时间周期、成本投入，在有限的成本投入下，让更多业务流程转换为数字化流程，让更多员工转型为数字化员工。未来，我们还会利用低代码技术学习门槛显著低于编程语言的特性，打造软件开发训练营等体验和培训活动，让没有受过专业软件开发和软件工程训练的业务部门骨干员工快速具备深度参与数字化转型所需的技术能力，加速完成人才梯队建设，反哺数字化系统的建设与运维。

总之，低代码的敏态开发方法论与实践，是数字化转型的关键，是我们当前阶段的工作重点，也是本次汇报的主要内容。

4. 评估过程记录

在对低代码产品进行调研时，我们注意到低代码概念的提出者，国际权威研究机构将中国低代码划分为 9 个赛道，赛道描述和代表厂商如下所示：

- 面向专业开发者的低代码开发平台：ClickPaaS、葡萄城、西门子、Outsystems；
- 面向业务开发者的低代码开发平台：捷德、轻流；
- 公有云：阿里巴巴、百度、华为、微软、腾讯；
- 商业智能：帆软；
- 数字化运营平台：博科、金蝶、浪潮、用友；
- 协作管理：泛微；
- 数字流程自动化：炎黄盈动、奥哲；
- AI/机器学习：第四范式；
- 流程自动化机器人：云扩、来也。

该报告的权威性和专业性较强，对选型工作有一定的指导意义。从赛道划分上不难看出，低代码行业发展尚处在快速发展期，行业共识正在形成。综合行业媒体和研究报告的主流观点，我们认为低代码选型有 3 个问题，需予以重点关注。

- **低代码还是无代码？** 首先，低代码产品包含无代码和狭义的低代码两大类，简要对比如图 8-4 所示。

指 标	编码开发	低代码	无代码
主要用户群体	技术人员	技术人员	业务人员
学习门槛对技术人员	中	低	低
学习门槛对业务人员	高	高	中
应用搭建速度	慢	中	快
应用的可维护性	高	高	低
软件工程管理	支持	支持	不支持
数据处理性能	高	中（不采用编程扩展方案）	低

图 8-4　低代码与无代码的对比图

该研究机构认为，狭义的低代码是面向专业开发者的低代码平台，这些厂商专注于核心应用场景，采用模型驱动架构，支持混合云环境。厂商以降低开发者服务为目标设计产品功能，并赢得了开发者的信任。该分类下的产品，功能完备性强，但产品研发和配套资源建设投入大，赛道内的国内厂商偏少，且存在较强的差异化。无代码则定位于面向业务开发者的低代码平台，厂商简化了开发工作，让用户通过数据表单和可定制的工作流完成开发。该分类的产品功能简单，研发和资源建设投入小，选择本赛道的国内厂商众多，产品高度趋同。值得注意的是，无代码厂商将用户群体定位于平民开发者（指不在 IT 部门管理范围，不对长期规划和维护负责，兼职从事软件开发的业务线员工），引入平民开发者带来增量的同时，需要重点关注如何在技术和管理层面确保其构建的系统符合可用性、合规性和可维护性等技术要求。

总之，无代码和低代码并不是进化或包含关系，而是两个相对独立的细分赛道。低代码产品能力上限高、技术限制少，相比于无代码产品可以更有效地覆盖全部流程和场景，特别是复杂业务数字化和智能工厂建设。如果选择无代码产品，我们还需要为这些高复杂度的场景寻找其他方案，难以避免重复投资的问题。所以，我们应优先选择低代码而不是无代码产品，提升信息化投资的总体效率。

- **专业厂商还是非专业厂商？** 其次，低代码厂商的组成非常复杂，除了以低代码为主业的专业（dedicated）厂商外，还存在大量将低代码或无代码产品定位成 non-dedicated 的非专业厂商，即通过引入热门的低代码产品来丰富自身产品线，实现"为主要产品引流"或"扩大增值服务"的目标。相比于将低代码视为自身主要产品的专业厂商来说，非专业厂商的产品在产品功能的独立性、资源投入的长期性等方面会遭遇更多质疑。

如公有云赛道的产品通常会在技术和商业模式上绑定自身的云平台与配套服务，私有化部署时需要配套众多与公司现有基础设施重复的组件，成本高昂；又如数字化运营平台或协作平台赛道，产品通常是原二开平台的二次封装，在围绕 ERP 或 OA 的单据和流程做定制化开发时有较强的竞争力，一旦脱离开 ERP 现有功能，则存在可视化开发覆盖面不足，需要大量编码开发才能实现创新业务功能的问题，总体开发效率不及预期。

为了保持自主可控，避免绑定到第三方云服务或软件，低代码平台需尽量避免对第三方的依赖，有效应对业务数字化和智能工厂等高复杂度的核心业务场景需求。因此，我们应优先选择专业厂商而不是非专业厂商的产品。

- **国内厂商还是国际厂商？** 从研究报告上看，定位于开发工具的狭义低代码专业厂商中，因为技术门槛高、开发投入大等原因，国内厂商相较于国外整体数量偏少。但作为敏态 IT 的基座，我们必须要重点关注兼容信创和本土化资源的丰富程度。在这两点上，国内产品有压倒性优势，应优先选择国内产品，特别是信创产品。

初选阶段，我们综合多家研究机构的意见，将以下产品纳入考察范围：活字格、轻流（专有轻流）、腾讯微搭、阿里宜搭、华为应用魔方和帆软简道云，覆盖面向专业开发者的低代码、面向业务开发者的低代码、公有云和商业智能 4 个赛道。

为了客观评估报告上产品的适用性，我们根据国内知名低代码研究机构在《中国低代码 & 零代码行业研究报告》中提出的评价标准，对几款产品进行优劣势对比。从 2023 年 2 月 21 日开始到 2023 年 3 月 13 日，我们全员线上学习了这几款产品的教学视频和资料，按照上述项目，在对产品有了更进一步了解后，从 2023 年 5 月 8 日至 5 月 13 日，每天 18：30 开始，与所有厂家进行逐一约谈，进一步深入交流产品问题。

该评价标准中的项目如下所示：

- 功能组件丰富程度与需求匹配度：页面元素、工作流组件、报表引擎与组件、业务逻辑组件、数据库操作组件、第三方调用组件等；
- 可扩展性：开发环境的插件和中间件机制等；
- 易用性：开发环境的用户体验设计，开发环境的性能表现，帮助文档与视频的丰富程度等；
- 集成便利性：SDK 调用、HTTP 集成、官方提供连接器、第三方提供连接器的丰富程度等；
- 技术与架构的兼容支持范围：兼容信创硬件环境，兼容容器化部署，兼容主流移动端设备等；
- 安全性与合规性：符合等保/分保要求，进入信创目录，配合企业定制化安全审查等；
- 编程能力：前端编程接口、后端编程接口、数据库编程能力、避免依赖特定类库或框架等；
- 协同开发能力：多人协同开发、版本管理、分支管理、对 Git/SVN 等主流版本管理工具的兼容性等；
- 开发周期覆盖度：兼容现有的版本管理（如 Git）、配置管理（如 Jekins）、运维管理（如 ELK）的工具链和方法论；
- 基于关系和流程的模型驱动能力与开发效率：可视化的关系型数据模型设计能力，符合行业标准（如 BPMNv2）的流程设计能力；
- 开发生态能力：设计器插件的丰富程度、解决方案的丰富程度等；
- 团队规模与产品认证等资质：公司的产品开发团队（不含实施）规模，公司获得 ISO 等认证，产品获得所在行业认证；
- 培训、本地化部署和定制化开发等服务能力：支持本地部署，提供线上培训，提供现场培训，提供定制化培训与咨询服务，提供定制开发服务等；

- 历史案例、客户数量等经验：案例的深度（复杂性、规模等）、案例的数量、客户的数量；
- 社区与用户口碑等评价：开发者社区的用户活跃度和好评率，调研得出的用户口碑（不推荐互联网社区的推广文章）。

经过近 3 个月的调研评估，我们认为 H 产品和 Q 产品在各自赛道下有明显的竞争优势，基本符合研究机构对两款典型产品所在赛道的定义。两者各有优劣但使用场景不同，H 适用于信息化团队构建高优先级、高复杂度的业务流程，兼顾低优先级的简单流程；Q 更专注于解决简单流程，并且能尽快使业务员工作为兼职人员在信息化团队的监管下承担一些开发工作。考虑到"着眼长期、稳步推进、关注实效"的发展方针，我们倾向于相对稳妥的 IT 专业人员负责系统开发、重点攻克复杂业务流程数字化的做法。所以，在技术验证阶段中我们以 H 为主，将 Q 作为对照组。

5. 技术验证结果

初选完成后，基于当前和可预期未来对敏态 IT 低代码底座的技术要求，我们将产品验证的侧重点放在如何帮助团队构建和维护高复杂度数字化应用上，兼顾多层次人才培养所需的资源。验证项目和结论如下：

- 能构建出复杂业务逻辑：H 的业务逻辑定制化程度高，在做到"图灵完全"的基础上，具备前后端分离的特性，支持数据库事务、异常处理等复杂应用场景，结合制造业核心业务系统案例，可有效支撑业务数字化及智能工厂建设，和 Q 相比优势明显。
- 能够与现有数据中台和基础设施实现集成：H 支持直接操作主流数据库、与第三方系统实现双向 WebAPI 集成等，可充分利用总部主数据平台和数据中台的能力，避免出现数据孤岛，和 Q 相比有一定优势。
- 可扩展性强：H 提供与编码开发协同建设的机制，如提供前端编程接口、服务端编程接口、中间件编程接口等，可降低应用场景受限的风险，和 Q 相比优势明显。
- 易用性、易学性强：H 和 Q 都能提供成体系的培训教程、认证考试和为培养数字化共建者打造的现场培训服务。H 的优势是教学资源更多，开发者社区活跃，Q 的优势是学习门槛更低，总评下来 Q 略有优势。
- 安全合规：使用 Q 和 H 构建的应用能通过等保三级认证，达到安全合规要求。

6. 选型结果与后续实践

基于上述优劣对比，结合商务考量，企业最终选择 H 作为敏态 IT 开发平台，于 2023 年 5 月启动基于 H 的低代码开发实践。经过半年的建设，已完成多个 A 级流程的上线投产，同步培养了超 10 名数字化共建者。

8.5 小结

在本章中，我们重点了解了低代码技术评估与产品选型的流程与实操技巧。与 ERP 等与管理方式紧密相关的企业软件一样，我们强烈建议您选择"方法论驱动"的方法，避免"眼前够用就好"带来的长期风险，安排 IT 专业技术人员做好产品评估，为引入低代码技术加速数字化战略落地迈出坚实的第一步。

第9章

基于低代码重塑数字化应用交付团队

低代码产品选型工作完成后，我们就正式进入了团队构建和数字化应用交付阶段。这一环节将由数字化中心主导，数字化转型领导委员会提供支持。

开发者是一切数字化技术的创造者。组织的数字化愿景和战略需要开发者将其转化为可以运行的数字化应用，才能发挥出应有的价值。严格意义上讲，数字化中心管理范围内，所有服务于数字化应用设计、开发与交付的固定人员和借调人员，只要他们的岗位职责和评价标准以数字化应用的成果来评判，都是数字化应用交付团队的成员。其中直接或间接使用到低代码的，不论是直接使用低代码进行开发，或为低代码开发人员设计方案，甚至使用编码方式扩充低代码能力的团队，都可以被称为低代码交付团队。

在一个数字化中心中，同时存在低代码交付团队和编码交付团队是很正常的现象。事实上，大部分组织在引入低代码技术时都不会以"一刀切"的方式将编码交付团队全部替换为低代码交付团队，而是允许两者长期并存。有国外的行业研究机构通过调查得出结论，引入低代码技术5年后，随着低代码技术带来的生产力优势不断释放，低代码交付团队与编码交付团队的成员人数对比会持续提升，平均能达到6∶4甚至更高。随着低代码技术在组织数字化转型中的深入应用，低代码交付团队大概率会在数年内成为数字化中心的绝对主力。

那么，成熟的低代码交付团队需要具备怎样的能力？内部该如何分工？该如何扩充低代码交付团队规模？在本章中，我们将从能力模型与团队画像出发，深入探讨高生产力低代码交付团队的打造与管理方法论。

9.1 低代码交付团队的典型画像

毫无疑问，低代码交付团队和编码交付团队的工作内容大同小异，都是从数字化需求出发，通过需求调研、方案设计、应用开发、项目交付等环节，将数字化应用交付给业务部门使用。这一点与《软件工程》经典教材中的软件全生命周期别无二致。如果我们只是将这套方法论中的应用开发环节从某种开发语言替换为低代码开发平台，开发效率的提升幅度有限。想要释放出低代码技术的生产力优势，我们还需要对团队进行"低代码化"改造。为了把握住改造的方向，看清团队未来的发展方向，我们首先要做的是厘清低代码交付团队的能力模型。

▶▶ 9.1.1 成果导向与成本导向的团队能力模型

在前文中，我们多次阐述了低代码技术的核心优势集中在数倍于传统编码的开发效率，该优势直接体现在应用开发环节的成本投入缩减上，但更大的价值则体现为通过加快迭代优化速度来确保数字化应用与业务需求的贴合程度。为了充分发挥这些技术优势，低代码交付团队首先需要做的就是凝聚两点共识：成果导向与成本导向。

成果导向，意味着交付团队需要将满足业务需求放在首位。首先，交付团队需要充分挖掘数字化技术的潜力，积极为业务需求寻找最匹配的技术方案。比如在出入库系统上线后，数字化中心通过观察库管人员的操作发现了进一步改进的空间，在"使用激光头扫码出入库"的基础上，引入内置 UHF 扫描功能的 PDA，配合 RFID 标签实现"批量出入库"，降低频繁对准、扫码确认带来的工作负担，提高库管人员满意度的同时，进一步缩短出入库的耗时。同时，交付团队还需重视业务知识的积累，从业务优化的角度，与数字化技术"双向奔赴"。比如在设计和开发生产报工模块时，基于对生产一线管理经验的理解，将计件工资与报工数据绑定，再将报工数据的补填和修改权限提升到工段长，借助管理手段对一线员工的数字化系统使用进行约束，有效加速系统的实施过程，让数字化应用尽快发挥出其应有的价值。在传统编码开发模式下，交付团队在解决编程语言、框架等技术问题上花费了大量的时间和精力，在项目交付周期的压力下很难有足够的时间考虑与反思软件应用本身对业务带来的价值；引入低代码后，软件需求积压严重的情况将得到有效缓解，我们才能将关注的焦点转移到业务上，关注成果导向，和业务团队想在一起、做在一起，真正贯彻"业务主导、IT 支撑"的协作原则。

成本导向，意味着交付团队需要主动做"减法"，和业务部门一起，对业务需求进行有效过滤和简化，在保障业务需求和操作体验的前提下，减少不必要的设计与开发成本。这里的成本既包含人力费用，也包含时间成本以及应用延迟上线带来的机会成本。与传统编码开发模式不同，低代码开发模式下的成本导向，主要集中在设计环节而不是开发环节。以系统整体方案设计为例，合理划定系统边界，直接利用现有系统的界面和能力，而不是"重复造轮子"也能起到大幅降低成本的效果，如使用低代码定制开发 PLM 系统时，集成 OA 软件的审批流，而不是在低代码平台中重新开发这些流程；在准备详细方案中的用户体验设计时，尽量采用低代码平台内置的组件样式和交互，而不是照搬来自其他系统或互联网服务、与低代码平台完全不同的样式和交互，在开发效率上通常也会存在数倍的差异。成本导向的关键在于数字化中心与业务部门的务实、高效的协同与配合，"扁平管理"的协作原则是推动成本导向落地的重要保障。

上述两个共识需要体现在低代码交付团队的工作中，具象化在各个角色的能力模型里。在这个能力模型中，我们将数字化项目交付能力分为以下4个层次，交付团队中每个项目组均需要同时具备这些能力，才能最大程度上确保项目的成功。

- 构建数字化共识：在接到数字化领导委员会的项目规划后，团队需要将业务部门视作内部客户，以"客户优先"的精神，基于对数字化战略和组织业务现状的理解，对数字化诉求进行过滤和梳理，最终形成详细的交付计划（需要细化到第一期实现哪些功能，第二期做些什么功能），帮助业务部门和数字化中心就项目的整体认知、预期成果和交付周期达成共识。

- 打造高性价比方案：在数字化共识的基础上，团队需要综合考虑数字化技术和低代码平台的特点，将项目具体化为包含有用户体验和业务逻辑的整体方案与详细方案。这个层次是成果导向和成本导向的最集中体现：一方面，我们需要按照成果导向原则，方案需要充分照顾业务的运行效率和员工的使用习惯；另一方面，我们还要考虑成本导向，尤其是用户体验层面，要尽最大可能用好低代码平台内置的UI组件，避免开发阶段在差异性较强的UI上花费过大的成本。

- "保质保量"完成开发：从方案到数字化应用，就是狭义上的开发过程。不能否认，这一个环节的工作专业性强、风险也相对较高。如何降低项目风险是团队关注的重点。根据既往经验，这里的风险主要由技术和交期两部分构成：我们需要按照详细方案完成开发工作，在满足功能需求的基础上，还需要兼顾非功能需求，如性能、安全和可维护性等，对后者的忽视通常会在项目后期或交付使用后带来不容忽视的技术风险；对于达到一定规模的数字化应用，项目是否能够按期交付也是不容忽视的风险，需要团队在不断提升开发技能的同时，增强项目管理能力，及时识别交期风险，有效控制需求变更。

- 打通交付、培训和反馈的闭环：数字化应用开发交付到业务部门是数字化项目的一个重要里程碑，但并不是终点。我们还需要通过对业务用户进行培训来确保软件按预期的方式使用，在培训和使用的过程中，需要持续收集用户的反馈，持续改进数字化应用的效率和体验，真正做到数字化应用贴合业务需求。

对于不同规模、处在不同阶段的低代码交付团队，我们需要采用与之配套的措施，从上述4个层次出发，全方位检核与提升团队的交付能力。

▶▶ 9.1.2 有业务数字化专家参与的微型项目组

目前，成长性企业的集中式数字化中心，或大型组织中总部以外的"分支型"数字化中心的规模较小，其交付团队的总规模通常少于 20 人。为了充分利用资源，此类数字化中心通常更倾向于采用**项目驱动型**的模式，即放权给交付团队，允许根据数字化项目的特点选择合适的开发技术。其中选择低代码交付的项目组通常规模更小一些，除了数字化中心内共享的运维工程师外，一个项目中通常包含 2~3 名低代码开发工程师，涉及对外提供服务的"脸面型"项目还需要配置一名外包或兼职的用户体验设计师（通常会在多个项目组间共享），因团队规模较传统模式更小，故被称为"微型项目组"，架构如图 9-1 所示。

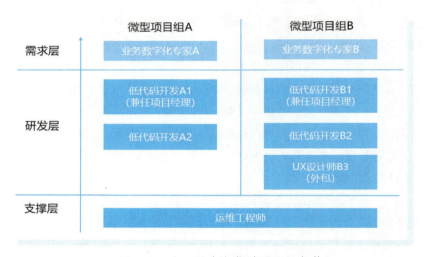

● 图 9-1　项目驱动的微型项目组架构

为什么微型项目组是此类数字化中心的主流？因为，在此类数字化中心里，编码交付团队倾向于维护现有数字化应用，而低代码交付团队通常承担了创新型应用的交付工作。创新型应用大多存在数字化需求个性化强、变更风险大等特点，需要通过更快速的优化迭代才能让数字化应用真正满足业务需求。而另一方面，对于这些创新型应用，数字化转型领导委员会通常在预算投入上也会更克制一些，希望能在"见到成果后"再加大投入，控制创新带来的风险。传统的编码交付团队在面对这种预算低、不确定性强的数字化场景时很难有足够的信心和动力来接手，而这恰恰匹配到了低代码的生产力优势。

为了充分发挥成本优势，提升创新型应用的迭代速度，成熟的微型项目组除了通过"一专多能、身兼数职"来缩小团队规模外，还需引入业务骨干人员，以业务数字化专家的身份参与前期需求分析与后期交付培训，在确保业务主导地位，提升数字化应用与需求场景贴合度的前提下，进一步放大生产力优势，让微型团队创造出更大价值。团队成员的岗位能力设计见表 9-1。

表 9-1　微型项目组的能力构成

岗位能力	构建共识	设计方案	完成开发	交付、培训和反馈	类比传统团队的岗位
业务数字化专家	是			是	新岗位
低代码开发工程师	是	是	是		产品经理、项目经理、架构师、开发、测试
用户体验设计师		是			UX 设计师

1. "业务数字化专家"的选拔与培养

业务数字化专家指的是从业务部门的骨干人员中选拔出来，经过体系化的技术培训成长为兼具数字化应用设计和业务优化能力的混合型人才。业务数字化专家通常以兼职的方式加入数字化中心的低代码交付团队，承担起数字化需求过滤、梳理的职责，搭建起业务部门和数字化中心的桥梁，也是微型低代码交付团队能取得成功的"催化剂"，承担了原来属于产品经理和业务分析师的部分职责。具体如下：

- 构建共识：对业务需求进行筛选和初步加工，通过文字说明、流程图、低保真页面原型（手绘或使用 PPT 等软件绘制的示意图，如图 9-2 所示）等，在业务部门领导和交付团队间，就应用的范围、核心流程与交互风格达成共识。

- 图 9-2　来自培训团队的业务数字化专家使用 PPT 绘制的低保真页面原型

- 交付培训：用业务人员的语言编写数字化应用的使用手册，对使用者开展使用培训，加速应用在业务部门的落地。
- 反馈征集：在数字化应用的使用过程中，需要持续收集使用者的反馈，以便于持续迭代、持续改进。一方面为初期版本的应用设计查缺补漏，另一方面还能让数字化应用随着业务的优化与再造而同步改进。

业务数字化专家机制对数字化应用建设的作用很大，但涉及业务部门岗位职责定义以及考核评定上的变化，若将数字化建设的相关工作纳入其中，通常需要在数字化领导委员会中达成共识，以领导委员会的名义协调业务部门、数字化中心和人力资源部门来完成。

在人才遴选方面，业务数字化专家对数字化应用的开发技能没有明确的要求，只需要对数字化应用如何解决业务问题有整体的认知就可以开始工作了，边工作、边成长。相比于技术基础，学习数字化知识的意愿和动力在人才培养上更重要一些。为了找出适合该项工作的业务人员，我们建议通过组织"数字化应用开发体验营"活动，一次性完成人才遴选和基础培训。为了提升效果，我们强烈建议由领导委员会发起体验营活动，提前预热并进行动员，确保所有我们认为有能力、有意愿的业务员工都能参与其中。此外，体验营需基于低代码平台展开，尽量降低参与者在软件开发技术上的门槛，毕竟我们不能预期业务人员具备编程语言相关知识。

- **目标**：主要体现在数字化文化建设和业务数字化专家筛选两个方面。数字化文化建设紧扣组织数字化人才培养计划，与人力资源发展的培训目标有机结合，提升业务骨干人员对数字化建设的参与感，确保业务与 IT 团队的沟通效率；通过学员在培训过程中的表现，考察对 IT 工作参与意愿和自驱力，选取若干位优秀学员，纳入业务数字化专家的候选人名单，为后续的数字化应用交付做好人才储备。
- **学员**：业务部门的骨干人员，优先招募有不少于 5 年经验的青年骨干。
- **形式**：理论+实践的集中培训班，不建议采用线上学习的模式。
- **时间安排**：不少于 18 个课时，如每天安排 2 小时，则总时长在 2 周内。
- **培训内容**：分为理论和实践两部分。理论部分重点关注从需求分析到开发交付的总体过程，帮助学员建立软件开发的整体认知；实践部分主要是带领学员一起完成有代表性的业务场景（如填报表单、统计图标等）的开发工作，帮助学员理解软件开发的主要概念，锻炼逻辑思维。
- **评价标准**：学员平时表现（是否按时签到）和实践作业（作业是否符合要求）构成了培训的评价标准。建议给评价为合格与优秀的学员颁发精神和物质奖励。

在实际操作时，我们可以引入低代码平台的厂商或有培训经验的信息化服务商共同策划和执行体验营活动，如图 9-3 所示。数字化中心的 IT 团队也需要深入培训一线，共同完成业务数字化专家候选人名单的准备工作。

● 图 9-3 某烟草企业组织的体验式培训班

在人才使用层面，各业务的数字化专家的名单确定后，我们就可以在启动数字化项目时，通过领导委员会协调涉及各部门的业务数字化专家，与 IT 人员混编为虚拟组织（如 XXX 项目组）。虽然体验营培训向数字化专家们"科普"了数字化应用构建相关的基础概念和工作流程，但仍需在实际工作中持续学习，才能不断提升专家们的工作能力。除了在项目中实践外，数字化专家也可通过定期参加由信息化服务商或低代码厂商举办的应用方案交流活动，学习数字化技术的基础原理与实现方案，了解其他组织的低代码数字化实践，开阔视野，提升能力。

参考既往的实践反馈，业务数字化专家的培养需要一定的时间，通常在经历多个项目的锻炼后，才能达到预期的效果。在初期，微型项目组中的 IT 人员仍需投入一定的时间，为同组的业务同事提供必要的支持和帮助。数字化中心和领导委员会可设置一定的过渡期，如扩大数字化专家的名单范围、延长"新手级专家"参与的项目交付期限等，给团队的成长留出更多空间。随着项目经验的积累和 IT 相关技能的提升，业务数字化专家的工作最终将会从数字化应用的"设计者"扩展至"发起者"，对业务部门的数字化需求进行初步的筛选和整理，提交给领导委员会审议，驱动数字化转型加速铺开。

微案例 30——陕西某专业领域软件厂商

专业软件不同于互联网软件，用户需要经过必要的培训才能将其应用在日常工作中，完成从软件到价值的转换。为了强化培训的执行效果，公司决定打造一套培训平台，在支撑线下和直播培训的基础上，逐步引入线上课程，同时服务高校与客户。平台的建设任务下发到数字化中心后，即成立了由两位低代码开发工程师的开发小组，从产品研发部短期借调用户体验设计师和测试人员之外，还从校企合作团队抽调了一名业务数字化专家（对 IT 感兴趣但非计算机相关专业出身，长期从事校企合作方案的销售和售前，之后通过参加低代码体验营掌握了数字化转型与低代码相关的基础知识），组成了培训平台项目组。首先，专家在本团队需求的基础上，完成对客户培训的调研，梳理出两者的异同，形成了培训平台的项目范围。系统范围以用例图的形式描述，覆盖了 7 个角色、4 个子系统和数十个用例。经过与相关业务团队的沟通确认，培训平台需覆盖教学管评考 5 大领域，项目的名称被修订为"一体化学习平台"，页面效果如图 9-4 所示。

● 图 9-4　使用低代码构建的一体化学习平台的后台管理界面

　　这是公司开发的第一个教学相关软件项目，且直接服务于最终客户，三个人的微型项目小组能否胜任这项工作？为了增强团队对该项目的信心，专家先使用 PPT 绘制了页面交互体验的简图，与低代码开发工程师一起，在一个月内完成了学员端核心功能的设计与原型开发，在向业务部门相关人员进行展示并征询意见后，即进入全面开发阶段。开发阶段中，数字化专家承担了"顾问"的职责，快速响应开发人员的要求，明确各种流程和策略，审查用户体验设计师做出的用户体验设计。项目开发进入后期，数字化专家基于测试中的学习平台编写了运营手册，对运营人员和老师展开培训。经过半年努力，项目已经进入试运行阶段，数字化专家基于一线反馈，梳理出了以"认证考试"为重心的下一阶段目标并得到了领导委员会的认可，即将全面展开二期项目的开发工作。值得一提的是，校企合作团队为此专门调整了该专家的 OKR 和考核指标，将数字化应用建设纳入其中，并适当降低了部分业务考核指标。

2. 微型低代码项目组的管理挑战

　　微型项目组的优点集中体现在成本上，确实可以帮助数字化中心有效降低数字化应用项目的启动成本。但从长期的角度来看，这种方式存在较明显的管理风险，具体表现在数字化应用的技术风险和数字化人才的管理风险两个方面。

- 应用碎片化风险：在引入低代码技术提升开发阶段的效率后，数字化中心倾向于将微型项目组和业务线绑定，一方面可以提升开发工程师对业务的理解，另一方面也能持续强化开发工程师与业务数字化专家的沟通效率。但这种做法淡化了小组间的技术和业务交流，导致多个项目组在类似的业务场景下做出了差异化的解决方案。即便依靠数据中台、主数据服务等技术机制可以规避"数据孤岛"的问题，但这些小组在业务流程贯通、用户体验一致性等方面难以保持一致，甚至缺乏必要的设计文档（微型团队的协作较为简单，通常不需要，也不会投入精力在编写设计文档）支撑数字化中心的统一审查，最终恶化成了应用碎片化的状态。碎片化的直观表现是各小组间的重复建设，背后是数字化中心里可供内部推广的技术积累偏少，难以形成规模效应以降低数字化应用边际成本。
- 人员变动风险：项目经验积累下的技术经验没有积累到数字化中心这一层，而是停留在微型项目组中。再叠加上团队人员过少、完善设计文档的内生动力不足等现实情况，一旦人员出现离职等变动，这些经验的传承将变得难以把控，经验流失难以避免，甚至会对那些后期需要维护的项目带来可维护性降低的风险。对于正在开发的项目来说，人员变动的影响也不容忽视。如一个包含有 2 名低代码工程师的微型项目组中有一人离职，该项目组的产出直接打了五折，人力短缺和交接所需的额外成本叠加在一起，项目延期难以避免。

上述风险通常会随着数字化中心规模的扩张而日趋明显，比如一个由 30 人构成、分为 15 个微型项目组的集团数字化中心面临的挑战，会高于一个总计 6 人、分为 3 个项目组的分支型数字化中心。那么，我们该如何对项目驱动型交付模式进行改造，以满足中大型数字化中心的管理需求？

▶▶ 9.1.3 成长驱动的中大型交付团队

当数字化中心的交付团队总人数达到 20 人或更多，我们通常建议引入成长驱动的管理模式，在微型项目团队的基础上，引入知识和人才共享机制，并建立起促进人才成长的考核机制，能有效控制技术和管理风险，持续提升数字化中心的交付能力。从项目驱动的微型项目组到成长驱动的中大型团队，我们需要充分考虑数字化中心的管理经验，以及组织的团队文化，存在相当大的差异性。好在大多数组织通常会采纳以下 4 种实践来规避可能的风险：

- 知识共享：在 UX 设计和运维工程师的基础上，进一步扩大项目组之外设计"支撑岗位"，向所有项目提供架构设计、开发技能持续学习、低代码平台扩展开发等与业务需求关联度相对较弱的服务。这种做法一方面能通过专业化分工强化对应岗位的能力提升；更重要的是，可以通过这些岗位的工作，在各项目间做到知识和经验共享，从技术层面提升数字化应用的技术水平，同时强化复用性和统一性，避免应用碎片化。

- **职级体系**：职级体系的重要性无须多言。在低代码交付团队中，基于数字化应用交付能力打造的职级体系可以帮助数字化中心的管理层快速了解人员的开发能力，为项目团队的组建提供支撑。此外，清晰、完善的职级体系以及配套的纵向流转机制（如评定、晋升和降职），还能帮助数字化中心的 IT 团队成员找准自己的定位和职业发展规划，对打造员工自驱力，持续提升项目产出有着不容忽视的作用。

- **横向流转**：在职级体系的基础上，我们可以建立跨项目组的流转机制，避免项目组成员固化，从而打造编写技术文档、提升可维护性的内生动力，避免人力风险在微型项目组中扩大。人员流转可以选在固定的时间节点，如项目启动时，尽量减少在项目中途进行人员调整。此外，在做项目计划时，协调各项目组的项目经理，要求尽可能对齐交付时间，如尽量集中在月末，以便为横向流转提供更多便利。

- **持续学习**：数字化技术在发展，低代码平台也会随之不断扩大能力范围。这就要求低代码交付团队持续提升开发能力，了解新功能、新技术和新思路。持续学习的具体方式有内部比武、持续培训等。为了确保效果，我们需要给培训设置符合 SMART 标准的目标，如完成实验项目的开发等。

如图 9-5 所示的成长驱动型交付团队的设计初衷是在保留项目驱动型团队的小团队、高效率等优势的基础上，尽量规避技术和管理风险。这势必会导致更高的管理投入和开销，其中，最明显的就是职级体系的建设与执行。

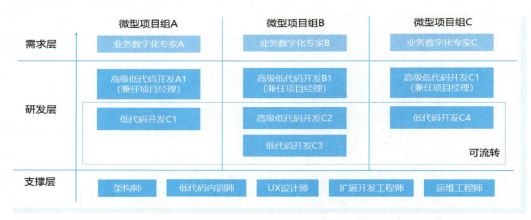

● 图 9-5　有职级和流转机制的成长驱动型交付团队

1. 建立职级体系，打造学习型团队

按照前文中提到的成果导向与成本导向原则，低代码交付团队中的职级体系需要面向数字化应用交付所需的能力进行设计。

作为项目组中承担数字化应用设计与交付的人员，低代码开发工程师岗位融合了传统编码开发团队中的产品经理、项目经理、开发和测试岗的职责，在部分场合下还需要兼任架构师（如小型边缘应用）、UX 设计师（如仅供内部使用的系统）。一个完整的项目组中，低代码开发工程师各司其职，组合在一起时需完全覆盖上述能力。通常情况下，我们将低代码开发工程师划分为三个等级，对初级工程师的评价集中在开发和测试能力上，要求员工能在中高级工程师指导下完成功能开发；中级工程师在初级的基础上强化详细方案设计能力，应具备在架构师的支持下完成模块级详细方案设计和开发的能力，同时兼顾一定的需求沟通能力和基础的用户体验设计能力；高级工程师则需要在中级的基础上增加整体方案设计能力和项目管理能力，在架构师的支持下独立完成应用的方案设计与开发交付。

在支撑层中，架构师和低代码内训师均可以从中级工程师和高级工程师转型而来。前者负责整体方案设计和技术审查工作，是数字化中心的"技术领袖"，评级时需重点关注员工对数字化技术的理解和落地方案的设计能力，以及对总体技术架构的把控能力；后者则主要负责对初级低代码开发工程进行培训，对接低代码厂商寻求原厂技术支持等工作，转型时需考察员工的沟通能力。而 UX 设计师、扩展开发工程师（专注于为低代码开发平台进行扩展开发的编码开发工程师，也称集成工程师）和运维工程师与传统编码团队一致，这里不再赘述。团队岗位职责设计见表 9-2。

表 9-2　低代码开发工程师的职级定义与能力要求

职　级	工　作　职　责	重　点　能　力
初级低代码开发工程师	在低代码工程师的指导下完成前端开发或简单功能的前后端开发	低代码平台的使用能力
低代码开发工程师	独立完成特定模块的设计与前后端开发	低代码平台使用能力 详细方案设计能力（如用户体验与数据结构） 需求沟通能力
高级低代码开发工程师	独立完成应用的设计与前后端开发，兼任项目管理工作	低代码平台使用能力 详细方案设计能力（如用户体验与数据结构） 整体方案设计能力（如系统架构、部署架构） 项目管理能力 需求沟通能力

制定了职级体系后，我们建议将职级评定融入年度考评中，在考评中引导员工结合项目实践回顾自身当前职级的能力要求，进行查缺补漏。如果员工符合职级晋升的硬性要求，提出晋升时，我们可根据其当前所在项目组及近期流转过的项目组的成果做综合评价，并组织答辩。如有必要，我们也可先进行项目组流转，再启动晋升评价与答辩工作。需要提醒的是，职级体系的设计和运行均需与人力资源团队保持沟通，在组织的人力资源管理框架内执行。

除了制度保障，成长驱动型团队还需要营造技术学习的氛围，争取将其打造为学习型团队。在这个过程中，数字化中心牵头举办"开发技能大比武"活动是一种常见的做法。此类活动需要充分结合组织数字化战略与低代码技术的特点，采用"开放命题、公开评审、物质奖励"的形式，动员交付团队内的技术成员积极参加。

- 开放命题：通常以"XX 技术的应用"为题目，不限制具体的实现方案和交互设计，只要能体现出创意和业务价值就能获得优胜。
- 公开评审：评审团通常由数字化中心的领导、业务线领导、信息化服务商技术负责人、低代码厂商技术专家等构成。评审团在现场根据选手的展示和答辩情况，从创新型、完成度和业务价值三个维度出发进行公开打分，现场评选出优秀选手。
- 物质奖励：建议为优秀选手颁发物质奖励；如作品涉及采购云服务或其他软硬件的费用，需给予一定的报销额度。

比武活动除了能激发交付团队成员的技术学习热情外，还能为后续数字化战略落地提供思路和技术验证，一举多得。有部分组织将比武活动与职级体系挂钩，也取得了一定的成功经验，我们可根据组织的人事管理特点综合考虑。

微案例 31—四川省某外资制造企业

为了提升 IT 开发团队的学习热情，让终日沉浸在业务系统开发的工程师恢复与技术前沿的链接，公司组织了一场面向整个 IT 团队的软件开发技术大比武。考虑到公司在新一期数字化战略中多次提到"AI 智能体"，比武的选题被设定为"基于组织内任意一个或多个软件系统，开发一个 AI 问答机器人"，在命题中，我们没有限制 AI 服务和开发技术，也没有要求具体的功能，还为每个选手报销 100 元 AI 服务采购预算。公开命题一个月后，我们组织了成果展示与答辩。评委由数字化中心领导、集团信息中心领导以及低代码厂商的技术专家构成，经过公开打分，从 8 个作品中评选出了 3 个优秀作品，分别给予数千元的现金奖励。这三个作品中两个来自低代码交付团队，一个来自编码维护团队，分别对接了企业的 PLM 系统、MES 系统和 CRM 系统，展现出了参赛选手对业务和 AI 技术的深刻理解。从比赛开始至今已过去半年，团队学习氛围依然没有下降，以其中一个获奖作品为蓝本的创新型数字化应用也已完成立项，比武活动达到了预期效果。此外，在比武过程中我们发现，相比于低代码交付团队，来自编码维护团队的作品在用户体验和功能完成度上存在较明显的差距，事后该团队复盘时认为差距主要源于低代码开发与编码开发的效率，投入同样的时间，使用低代码工具能够开发出更多功能。这对于编码维护团队向低代码交付团队的迁移也起到了推动作用。

2. 采用水平分工的方式拆解大型数字化项目

随着交付团队规模的扩大，数字化中心的交付能力也会水涨船高。经过一段时间的团队建设与磨合，领导委员会将逐步把一些大型数字化项目交给数字化中心进行自主研发。这些项目通常围绕着企业核心业务展开，如产品生命周期管理系统、生产管理系统等。这些系统的页面数通常能达到数千个，累计投入的人员也会超过 50。此时，数字化中心需要对微型项目组进行重组，才能满足此类项目所需。

在传统的企业软件开发模式下，我们通常会采用前后端分离的"纵向分工"组织方式，分别设置前端团队和后端团队，两者通过文档和规范展开协作。但低代码平台通常提供更简化的设计模式，如活字格低代码提供的前端数据绑定功能（平台基于数据模型自动生成数据服务，在一些常见的业务场景中，开发者可以直接在前端基于这些服务构建出数据加载和回写效果，而无须开发后端）。为了充分利用低代码平台的这些创新型功能，前后端分离的组织方式的适用性较低。相比之下，衍生于全栈开发的"横向分工"在低代码交付团队中更有竞争力。

横向分工，指的是交付团队基于数字化应用的需求进行拆解，将其分割成内聚性较强（模块间的相互调用远小于模块内）的模块，然后为这些模块分别成立项目组，基于模块间的数据互通规范，如共享数据库、WebAPI 调用等，展开协同开发，最终再将这些模块整合为一个整体的组织方式，如图 9-6 所示。

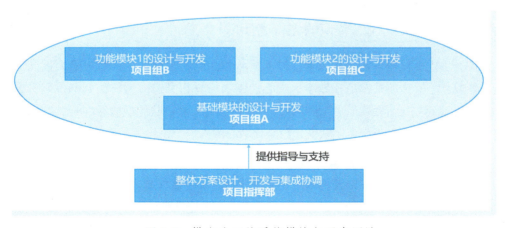

图 9-6　横向分工的系统模块与开发团队

在项目启动时，我们需要成立项目指挥部，由架构师和业务数字化专家构成。指挥部需要集中力量完成数字化应用的整体方案设计，与业务部门就系统范围达成共识。在整体方案中，架构师需要重视模块和子系统的边界设计与规模估算，确保在每个模块的设计中均包含以下信息：

- 模块的核心用例；
- 需对外提供的数据和服务；

- 模块依赖的外部数据和服务；
- 预计开发工作量（精确到周即可）。

然后数字化中心就可以根据交付团队的人力资源情况，将子系统进行重新组合后分派给微型项目组，同步开展详细方案设计与开发工作。在方案设计阶段，架构师还需要参与到数据库设计、页面流转设计等基础环节，降低子系统集成的风险。此后，各微型项目组就可以按照之前做创新项目的方法各自展开设计和开发工作了。子系统开发就绪后，可以安排综合能力较强的项目组承担最后的集成工作。

9.2　从编码开发团队向低代码交付团队转型

部分中大型的数字化中心在引入低代码前，就已经组建了使用传统编码技术的开发团队。根据国际权威行业研究机构的调研数据，在引入低代码后 5 年，开发团队中的低代码交付团队占比通常会超过 60%。在之前的章节中，我们介绍了可快速组成微型项目组的低代码交付团队。更高的低代码占比，意味着更高的总体交付效率。我们该如何帮助编码开发团队向低代码转型？

▶▶9.2.1　凝聚低代码共识的先行者团队

从编码开发向低代码转型，意味着从技术栈到方法论的全面切换，需要最大程度上凝聚共识才能取得成功。其中的关键是在数字化中心范围内树立起身边成功转型到低代码的典范，我们称之为"低代码先行者团队"。考虑到成本和风险，先行者团队的规模通常为 2~3 人，与微型项目组相匹配。事实上，先行者团队就是数字化中心的第一个低代码微型项目组。

1. 从开发团队的实用派中选拔

与后期转型到低代码的开发人员不同，先行者们没有成功典范可以参考，处在"摸索前进"的状态，是对自驱力和执行力的双重考验。所以，先行者团队的成员选拔是我们面对的第一大挑战，也是成败的关键之一。为了做好这项工作，我们需要对开发团队的成员进行盘点，梳理出"技术派""实用派"和"中间派"三组。我们从一个典型的开发团队中选取了三组中的典型开发者进行画像，特征如表 9-3 所示。

表 9-3　开发团队中各分组的典型画像

类　　型	技　术　派	实　用　派	中　间　派
年龄	28	37	30
当前岗位	前端开发工程师	架构师兼后端开发工程师	后端开发工程师

（续）

类　型	技　术　派	实　用　派	中　间　派
工作状态	开发工作饱满，业余时间通过力扣（LeetCode）刷算法，希望能进互联网大厂	开发仅占用一部分时间，要跟售前一起做方案，对成本与风险敏感，业余时间在学管理	踏踏实实做开发，认可"能满足方案设计的技术就是好技术"，不主动引入也不拒绝新的类库或框架
技术能力与经验	JavaScript，初级	Java，高级	Java，中级

在上述分组标准下，实用派通常是先行者团队的最佳人选，主要的考量因素如下：

- 本身已经积累了较强的方案能力，不需要依赖其他同事就能搭建起"微型低代码团队"的骨架，启动过程更顺畅；
- 对引入新技术，尤其是互联网大厂尚未使用的技术没有抵触感，更容易展现出低代码技术的生产力价值；
- 作为低代码转型的标杆，在内部交流和培训时，资历不构成管理上的障碍。

有了合适的人选，我们还需要尊重开发人员的个人意愿。与他们进行深入沟通，介绍组织对借助低代码实现数字化转型的战略决策，讲清数字化建设中成本导向与成果导向的基本原则，展示团队转型到低代码的愿景与路线图，明确对先行者团队的定位和激励措施，都能有效帮助我们争取将低代码开发潜力（包含方案设计、沟通和开发等的综合能力）最强的开发者吸纳到先行者团队，为后续的实践打下坚实基础。低代码开发者和编码开发者的能力重心对比如图 9-7 所示。

- 图 9-7　编码开发者与低代码开发者的能力模型

2. 先行者团队的培训与项目交付齐头并进

接下来，我们需要为先行者团队匹配合适的启动项目。先行者团队负责开发的首个项目通常是进行低代码评估时的试点项目，除非数字化中心采购了厂商的外包开发服务已经覆盖了该试点项目。需要明确的是，任何一个开发团队在引入新开发语言后的首个项目都很难称得上"高效率"。除了常规的开发与交付工作，开发技术学习曲线的攀升、可复用业务组件库的积累、最佳实践的沉淀都需要先行者团队付出额外的时间。如何降低这部分投入，确保首个低代码项目快速交付？有如下实践供我们借鉴和参考。

- 成本导向的设计：先行者团队和业务数字化专家（如果没有采购与实施低代码体验营服务的话，也可以抽调现有的产品经理或业务分析师代替）在系统边界与集成设计时，尽量复用现有系统；在业务逻辑设计时，尽量简化处理策略；在用户体验设计时，尽量采用低代码平台内置的样式和交互。总之，启动项目要在满足业务场景的核心需求的前提下，最大程度做减法，先确保团队的低代码转型成功落地，在后续的项目中才能持续优化。

- 系统化的培训与学习：低代码开发平台可以简单理解为另一种编程语言，通常会配套有入门、初级、中级、高级等课程，部分成熟的低代码平台还提供有详尽的最佳实践。通过这些资源，先行者能够系统化掌握低代码平台的使用技能，并且将其与编码开发中形成的经验做好匹配。在这个过程中，因为学习不到位、忽视最佳实践等原因，导致启动项目的开发工作走弯路，甚至导致项目失败的案例时有发生，值得我们警醒。所以，需要为先行者团队以及后续转型的员工设立符合 SMART 原则的培训目标，如考取低代码厂商认证的同时必须完成考核场景（低代码厂商通常会提供与课程配套的"大作业"）的开发。

- 简化项目管理：先行者团队出身于现有编码开发团队，在项目管理的方法论和工具使用上有非常丰富的经验，如果在低代码启动项目中直接照搬这些做法，当然是可行的，但其中也一定有可供优化的空间。在完成低代码培训并且全面了解厂商提供的最佳实践基础上，我们需要对基于编码开发特点设计的生命周期进行一定程度的裁剪，比如去掉自动测试的环节，用更快的迭代速度弥补质量控制水平的下降。

- 引入低代码教练：如果资源允许，通过从低代码厂商或服务商处采购咨询服务来担任低代码教练，就像"敏捷教练"一样，主抓先行者技术培训、项目管理方法、方案设计指导等，通常可以对先导项目的成功起到重大推进效果。

上述实践中，不但涉及了先行者团队的工作，也需要领导委员会的大力支持。确保低代码先行者团队的成功不单是数字化中心的职责，最终也将惠及整个组织。这就需要在领导委员会内达成共识，如对先行者的激励、设计的优化和低代码教练服务的采购等，甚至对启动项目的成果评价，均需要领导委员会的支持。

总之，我们建议在管理上做出一定的倾斜，重点鼓励先行者团队的技术创新，扫清各项障碍，提升团队信心。

微案例 32——福建省某物流企业

该公司是一家大型海运物流集团。公司重视数字化建设，先后引入了一系列先进应用系统和工具，例如泛微 OA 系统、HR 系统、企业微信等。对于一些专属场景，数字化中心使用 EAS 平台 7.5 版本进行个性化的定制开发。随着时间的推移，EAS7.5 的种种局限性也日渐凸显。技术落后、安全风险、体验感差、扩展性不强等问题饱受业务团队诟病。为此，公司决定引入低代码技术，基于新平台构建创新型应用，逐步替换遗留系统。这意味着现有开发团队需要快速完成向低代码的转型，将低代码开发技术与现有开发体系融合，将低代码构建的应用与现有系统集成。为了加速转型过程，避免走弯路，公司引入了低代码厂商的低代码咨询包服务。在咨询服务中，厂商的技术专家为公司开发团队提供沉浸式培训和实战演练，让员工感受到低代码技术带来的价值。在此基础上，技术专家还深入参与试点项目的需求分析和方案设计，如图 9-8 所示，特别是与第三方系统集成部门的设计与实现，为项目的成功交付起到了关键性作用。授之以渔强于授之以鱼。截至目前，数字化中心使用低代码技术先后完成了外围船舶管理、备件资产化管理、修箱检查等数字化应用的开发与上线，从弥补 EAS 平台不足到基于现有系统的功能延展，再到满足个性化的长尾需求，低代码在各个领域都发挥了重要作用。

● 图 9-8　面向业务的数字化应用架构中的低代码服务层

在厂商技术专家的帮助下，通过现场培训与多个系统的项目实践，开发团队逐步沉淀出一套规范化的开发文档，并对多个系统中可复用的组件和模板进行了标准化的提炼和封装。在新项目启动时，通过引入标准化资产，进一步提升系统的开发效率。

3. 先行者团队需要为后续推广积累可复用的资产与经验

启动项目完成后，先行者团队的工作即进入第二阶段，为内部推广和开发团队扩展做准备。基于启动项目的实践，先行者团队通常可以整理出以下文档，为数字化中心推动团队转型提供经验支持：

- 学习路径、配套资源与考核方法；

- 项目管理方法与关键数据（如推进率，以"页面/人天"为单位）；
- 低代码开发规范（含设计规范等）。

此外，在启动项目中，先行者团队还能抽象出以下可复用资产，为数字化中心后续项目开发提速：

- 前端组件库；
- 系统集成套件（含 CAS 认证集成、中台数据集成等）。

在此基础上，先行者团队可临时转型为内训师的角色，帮助数字化中心建立更多微型项目组，带领更多开发人员完成从编码开发向低代码转型。而上述经验和资产也会从此刻开始沉淀为数字化中心的宝贵财富，随着低代码交付的项目越来越多，需持续迭代，做到常用常新。

▶▶ 9.2.2　通过内部转岗与外部招聘扩大团队规模

随着先行者团队培训的第一批微型项目组完成项目交付，我们相信领导委员会已经看到了低代码技术带来的巨大生产力优势。如何扩大低代码交付团队规模成为我们的关注重点。

在本节中，我们将为您推荐各岗位转型到低代码工程师的考察重点，以及社招和校招时对低代码团队各岗位的基础要求。至于具体的转岗和招聘流程，请与人力资源团队讨论后制定与实施。

1. 引导数字化中心的 IT 技术人员转型为低代码工程师

数字化中心里与开发技术相关的岗位均具备转型为低代码工程师的基础条件，但仍需参加必要的培训，我们可以通过要求员工考取厂商的认证来确保其掌握项目开发必备的能力。需要注意的是，和编码开发类似，低代码领域的认证考试仅是项目交付开发的必要非充分条件，在此基础上，我们还需要请低代码内训师（由先行者团队兼任，或从低代码厂商采购培训服务）基于数字化中心积累的经验和资产，对转岗人员进行集中培训、辅导和考核。

现有岗位向低代码交付团队岗位进行转型时，推荐的路径和配套转岗培训如表9-4所示：

表 9-4　现有岗位向低代码交付团队岗位转型的对应表

原 岗 位	新 岗 位	主 要 培 训	扩展学习（可选）
项目经理	高级低代码工程师	低代码开发 方案设计	
架构师	高级低代码工程师	低代码开发 项目管理	
后端开发工程师	低代码工程师	低代码开发	方案设计 JavaScript/CSS 基础
前端开发工程师	低代码工程师	低代码开发 SQL 基础	方案设计

（续）

原 岗 位	新 岗 位	主 要 培 训	扩展学习（可选）
实施工程师、运维工程师	初级低代码工程师	低代码开发（初级）	
非开发岗位	初级低代码工程师	低代码开发（初级）	软件开发基础知识

低代码交付团队仍然需要一些支撑层岗位和辅助型岗位，如 UX 设计师、架构师、数据管理员、运维工程师、DevOps 配置管理员等。具体保留哪些，视团队规模和组织方式而定。对于这些岗位，除与低代码平台交付紧密相关的架构师外，其他人仅需要对低代码平台的机制和能力边界有初步了解即可。对于他们来说，和潜在的业务数字化专家一起，参加基于低代码平台的软件开发体验营活动是一个不错的选择。

需要注意的是，我们并不需要将编码开发团队的全部成员转型到低代码。在编码开发团队的三个分组中，我们建议优先动员实用派转型到低代码，其次是中间派。通常意义上说，这两部分开发人员转向低代码后，带来的产出足以超过原有编码团队。剩下的技术派出于个人意愿、职业规划甚至技术偏见等因素考虑，通常会拒绝转型到低代码。从成本导向的原则上看，"一刀切"的方式要求他们转型到低代码并不是一个好的选项。而且，保留一定规模的编码开发团队，不论是对维护现有软件，还是以"扩展开发工程师"的身份为低代码交付团队提供系统集成、性能优化等领域的支持都非常有价值。

2. 通过校招和社招为低代码团队引入新生力量

如果从编码开发团队吸收成员的做法无法满足组织数字化战略的落地节奏，我们就需要通过外部招聘来引入新生力量了。

在招聘时，我们的首选是具有同款低代码平台开发经验的低代码开发工程师。引进此类人才，除了可以缩短培训时间和成本投入外，还能同步引入其他组织的低代码开发和项目管理经验，与自身的积累进行碰撞和融合，起到"他山之石"的效果。次选是编码开发工程师，如按照后端工程师的标准招聘低代码工程师、按资深后端开发工程师的标准招聘高级低代码工程师，在就工作内容达成共识的前提下，利用试用期完成转岗培训和项目实战。考虑到微型项目组中的低代码工程师需要承担数据库开发工作，专业性要求较高，如果必须得招聘编码工程师，建议选择后端而不是前端工程师。

最后，我们建议在面试阶段重点考察候选人的综合能力和意愿，而不是单纯的开发技能。毕竟，低代码技术的学习门槛比编码开发要低很多，低代码项目组的管理也更灵活。

3. 从编码向低代码的过渡期管理

拥有编码开发团队的数字化中心在引入低代码后，在很长一段时间里都处在从编码开发向低代码转型的过渡期。该如何做好过渡期的管理？我们有如下参考建议，可结合数字化中心的管理风格应用于实际工作中。

- 重视转岗或新入职员工的低代码培训：我们强烈建议所有低代码开发人员先通过培训和考核后才能上岗。一方面，低代码的技术实现与传统的编码开发存在一定差异，需要通过培训来完成认知转换，才能确保在低代码开发中充分发挥以往积累的开发经验；另一方面，培训和考核可以再次强化新人对低代码开发工作的认识，团队也能通过这个环节来确认新人的从业意愿和学习能力。如果不合适，则早做打算，毕竟"强扭的瓜不甜"。
- 基于成果而不是技术制定薪资标准：按照成果导向的原则，开发工程师的薪资标准应该优先与其为组织贡献的数字化成果挂钩，而不是其使用的技术和工具。在实践中，多数组织倾向于为同级别的低代码开发工程师和编码工程师支付相同的工资待遇，但通常会为成果产出量更大、交付项目更多的低代码开发工程师分配更多的晋升机会。
- 给低代码交付团队更多设计上的自主权：考虑到低代码平台对页面元素和交互行为做了更高层面的封装，采用低代码平台预设的设计方案可以大幅降低项目开发的工作量。所以，我们倾向于在内部项目和部分外部项目中鼓励低代码交付团队采用更高效的设计方案。这种做法一方面可以提升项目交付效率，另一方面也能彰显低代码的生产力优势，巩固低代码转型的共识。
- 营造编码开发人员向低代码转型的机会：组织的数字化战略落实在数字化中心通常意味着众多数字化应用的构建工作。在规划过程中，我们建议贯彻成本导向原则，优先考虑使用低代码技术构建，通过更多项目来培养更多低代码工程师，不断提升数字化中心的整体交付能力，进而完成更多数字化应用的构建与维护，让数字化系统常用常新，有效支撑业务发展。

微案例33——江苏某行业软件代理商

该公司是国内某知名 ERP 软件的区域代理商，在实施过程中通常会配套一定的二次开发工作，来确保软件与业务的贴合度，提升客户黏性。为了降低二开成本，形成对同区域内其他代理商的差异化优势，公司决定引入低代码技术。在战略中，公司希望先将二开团队全部切换为低代码开发，然后尝试自行开发面向特定市场的行业软件。实际落地执行时，公司走了一些弯路。首先，公司对低代码的认识不足，将开发过程类比于 ERP 的实施过程，要求实施团队而不是现有开发团队直接用低代码平台做二开项目。因为缺乏必要的方案设计能力和数据库开发能力，启动项目并没有达到预期效果。复盘过后，公司决定从开发团队中抽调技术能力弱、资历浅的开发人员替换实施人员组成新的低代码交付团队。在公司技术合伙人的参与下，低代码团队的项目交付能力得到了提升，低代码二开开始显现出成本优势。于是，公司决定将低代码向整个编码开发团队推广。但这一决策遭到了编码开发团队的集体抵制，因为人力资源政策出现偏差，没能做到成果导向，以至于能独立完成项目交付的高级低代码工程师薪资甚至低于初级后端编码工程师，在公司内部形成了"低代码低人一等"的刻板印象。低代码交付团队对编码开发人员完全没有吸引力。从技术评审、人员培训到薪酬管理，团队内冲突不断，最终导致了两个团队的开发人员大量离职，低代码转型遭遇严重挫折。最后，公司在低代码厂商的帮助下，确立了成果导向、成本导向的原则，引入了"低代码编码同工同酬"的管理方法，技术合伙人亲自践行"低代码先行者"，团队重新踏上低代码之路。目前，公司的二开项目已经全部采用微型项目组的方式实现低代码交付，自研产品也已经投入试运行，低代码的价值得到了充分的发挥。

9.3 小结

在本章中，我们重点关注了数字化中心旗下低代码交付团队的建设目标以及转型路径。低代码交付团队的构建和战斗力的提升需要一个过程。在软件开发领域，团队的打造和项目的交付通常是相辅相成的。尊重规律，有序推进，随着更多数字化应用采用低代码交付，团队的能力和规模也会水涨船高，最终形成正向反馈的循环。

第10章

从零开始组建低代码交付团队

上文中讲到的低代码团队建设方法论主要适用于有软件开发能力的数字化中心。如果我们的数字化中心刚刚建立，甚至仅有一个 IT 团队，尚未成立数字化转型领导委员会和数字化中心，该如何从评估低代码产品开始，组建一支战斗力强的低代码交付团队？

为了便于叙述，我们将在本章中模拟一个 IT 主管使用低代码技术独自打通数字化堵点，并以此为起点构建业务系统和低代码开发团队，并最终完成团队构建的过程。这些内容大多裁剪自之前章节的实践，有可能无法与您的情况完全匹配。

10.1 集中精力打造第一个成功项目

对于初次从事数字化应用开发的新手来说，首先要将所有的精力集中到如何确保项目成功上。

▶▶ 10.1.1 选择合适的项目

相比于开发团队或外部的信息化服务商，IT 主管有一项得天独厚的优势，那就是对业务的深刻理解。这里的理解不单是指了解业务的流程和使用体验，更重要的是清楚地认识到在堆积如山的需求列表中，哪些是组织数字化的堵点和痛点。从中选取最有可能取得成功的、"性价比"最高的场景作为首个低代码项目，是成功的第一步。

在没有明确数字化战略的前提下，我们在选择目标场景时，通常会有三个倾向，第一是选择自己主管领导下属的业务团队提出的痛点问题，这样最容易展现出该项目的价值，也最容易得到资源，以支撑后续的开发工作；第二是选择用户人数较多但开发规模较小的对接类场景，也就是解决数字化堵点问题，这样可以通过惠及更多用户来提升 IT 团队在公司内部的影响力；第三是选择自己最熟络的业务单元中最熟悉的业务场景，这样上手难度最低，可以降低对方案设计能力的要求。站在 IT 部门主管的角度上看，这种倾向无可厚非，但实际操作时我们还是建议将该项目对组织业务发展带来的实际价值放在最重要的考量位置。

为了进一步提升成功率，我们建议提前准备一个包含有 3～5 个应用场景清单，列明该场景的需求、需要对接的软硬件和其他合规性要求，在接下来的低代码选型阶段和低代码厂商共同完成最后的筛选。

▶▶ 10.1.2　成本导向的低代码产品选型

与前面章节中介绍的组织级或数字化中心级平台选型不同，小型组织的非正式低代码选型通常是针对特定应用场景的工具选型，与项目关系密切，倾向于采用"功能驱动"模式。这是一个常见的误区。

站在 IT 主管的角度，即便没有组织级的数字化战略作为指导，我们依然要考虑 IT 团队的长期利益，只有稳定、高质量地为业务团队提供数字化应用和服务，创造出实实在在的价值，才能保持和提升自身在组织中的地位，得到更多资源倾斜。这就意味着我们必须从长期成本角度考虑低代码产品选型，尽量避免开发平台频繁切换带来的资金和经验流失。所以，我们需要在低代码选型中采用"生态驱动"模式，除了覆盖目标场景的功能需求，还需关注全生命周期成本以及对现有数字化基础设施的可集成性。基于这些考量，我们可以参照裁剪后的表 10-1 制定低代码选型打分表。

表 10-1　裁剪后的低代码选型打分表

指标/打分项	可 表 示 为
平台满足特定需求的功能	平台能做到……吗？
平台功能的比较优势	对比其他方案，平台在……上表现更好？
平台的合规性	平台是否满足我们的合规标准？
技术支持的水平和质量	我能否得到所需的帮助？ 是否有 SLA 保障？
平台厂商的可信性和稳定性	该厂商进入低代码领域多久？ 客户案例的真实性如何，能否让我跟平台的其他客户确认？ 该平台是否会保持可用并持续更新？
平台的定制化与系统集成能力	我是否可根据自己的需求进行定制？ 是否可以和……系统集成？
平台的开发者社区	使用该平台的开发者多吗？ 是否有组件分享机制？ 该社区有多活跃？

有了打分表，再追加上一节中提到的候选场景，我们就可以参考之前章节中介绍的环节开

展低代码评估和选型了。

如果我们的候选场景规模较小但整体预算（包含工具采购和外包服务的总体投入）较为充裕，甚至可以在采购低代码平台的同时，同步采购定制化培训服务。定制化培训是工具型低代码厂商通常提供的服务，可以按照我们的需求场景量身定做培训项目，一方面可以帮我们完成目标场景中核心功能的开发，另一方面还可以将使用到的低代码平台功能培训到位，边学边看，边看边做，确保我们可以接手做后续的开发与维护。

▶▶ 10.1.3　分期交付与快速迭代

如果目标场景规模较大，一个人开发的时间周期过长（如超过 3 个月），我们可以将其拆解为多个项目，分期交付。确保每一期的成果都能让业务用户可以正常使用（早期可能还需要配合一些手工操作），在收集到业务用户的反馈后，通过快速修改、快速迭代，一样可以提升业务用户的满意度。

在之前的章节中，我们介绍过如何将大型项目拆解成若干子系统交给多个微型项目组并行开发，那种类型的项目拆解需要一定的方案设计能力，如果之前没有相关的经验积累，可能会是一个不小的挑战。如果可以接受一定范围内的返工，且不会引入其他开发人员并行开发，难度会直线下降。比如我们需要做一个库存盘点的数字化应用，可以将一期项目的目标设定为"现场盘点"，库管人员使用时需先从 ERP 系统中导出包含有存货信息的 Excel 文件，之后在计算机端打开数字化应用并导入存货数据文件来创建盘点单；盘点人分别在移动端 App 上通过输入盘点单的编号打开盘点页面，自行通过库位和存货编码定位到货品，并填写库存；最终由盘点负责人在计算机端打开盘点单详情，将盘库结果导出为 Excel 后导入 ERP 系统，完成盘点工作。在这一阶段中，库存盘点的主流程完整可用，起到了替代手写纸质盘点单的效果。二期工程再通过接入 ERP 实现数据互通，减少人工干预带来的数据孤岛问题。三期工程配合带有激光扫描头的 PDA 设备，进一步改善盘点体验为一线员工提升效率。

每一期都有明确的目标，每一期都能让部分用户或团队带来新体验、新价值。相比于一次性地交付全部功能，项目压力更小，成功率更高。

▶▶ 10.1.4　成果导向的项目价值提炼与汇报技巧

在很多组织中，IT 主管的工作职责不单单是数字化应用的开发，还包含大量运维和管理工作。我们需要借助各种汇报和评奖机会，将使用低代码构建的数字化应用的价值展示出来，强化自主构建数字化应用对业务发展的价值。这样，才能帮助领导层认识到自主构建数字化应用的重要性，认识到 IT 团队的价值，为争取更多资源，承担更大责任做准备。

为了做好这项工作，在组织制定出数字化战略前，我们需要自行挖掘和归纳数字化应用的价值，将其从技术层面提升到组织层面。比如我们的项目是打通了 CRM、OA 的审批流程，该如何展示这个工作的效果？

- 降本：CRM 和 OA 的审批流程打通后，员工可以省掉手工填写审批流程的时间，每次填写审批大约需要 2 分钟，审批过程中不需要再打开 CRM 查看节省 1 分钟，将审批结果回填到 CRM 需要 2 分钟，上线至今共生成了 12000 个流程，节省的时间累计达 3000 小时，降本超 30 万元。

- 增效：与降本类似，只不过在计算效果时，从根据节省了多少时间计算出人力成本，改成计算这些节省出来的时间在总工作时间中的占比，然后乘以相关岗位的产出，这样算出来的增效价值通常会更大一些，这种算法一般用在生产收入中心，像 OA 这种成本中心就不太适合。

- 提质：主要用在生产、质检等场景，关注的是上了项目跟没上之前对比的质量提升，如返修率等。如果质量问题是领导层关注的重点，这个数据会有更好效果。

- 节能：这个比提质更聚焦，一般用在生产环节，关注通过 IT 改善和流程改善，降低了多少生产能耗。通常需要提供两个数据：单位价值的产品能耗和总体能耗，后者主要用在申报政府的补助项目上。

- 加速创新：通常用于 PLM、MES 等场景，涉及研发、生产、质检的都可以往这个指标上靠，介绍项目上线后将新产品、新配方、新设计的研发周期缩短了多少。

目前，央国企体系内和面向民营企业政府主管部门都设有一系列扶持数字化转型升级的鼓励政策，其中很大一部分以评奖或案例评选的形式落地，如图 10-1 所示。我们可以和负责对接这些事务的团队沟通，主动介绍项目的价值，联合完成申报。

- 图 10-1 某机场的开发者获得的各项奖励证书

10.2 逐步引入低代码最佳实践

首个项目的成功可以帮助我们获得业务团队的认可和领导的关注。但这只是一个起点，为了让数字化应用保持高效运行，未来可维护、可升级，我们还需要引入低代码厂商的最佳实践，持续提升自身低代码开发能力的同时，对之前的项目进行优化与重构。

▶▶ 10.2.1 基于开发规范完成项目重构

与成熟的软件开发团队不同，我们的首个项目承担了更高的成本压力和技术风险，这往往会导致有一些"动作变形"，在性能、可维护性上存在较大的提升空间。如果不做任何优化，等到用户提出较为紧急的反馈时，我们就很难在短时间内完成修改或扩展开发了。所以，我们需要尽快抽出时间，对低代码应用进行优化，这个过程和编码开发的重构是相同的。

为了帮助开发者做好重构，低代码厂商通常会基于平台技术特点和客户反馈，整理并提供一套完整的开发规范。这些内容与团队规模和管理方式相关性较低，即便是"单兵作战"，也有很强的借鉴意义。开发规范主要由以下内容构成：

- UI/UX 原则：包含页面跳转与弹出规则、色彩主题、页面布局、字体等。统一化的 UI 和 UX 可以显著提升应用的"质感"，从最终用户处获得更好的评价。
- 开发基础规约：包含命名风格、界面实现、业务处理、组件复用、注释与文档等。这部分是开发规范的重点，按照这些规约进行开发，可以获得更高的性能和更好的可维护性，让我们用低代码开发出的数字化应用能够像专业编码团队做出的软件一样长期稳定运行和迭代。
- 数据库设计与开发：包括数据库选型、数据模型设计、数据索引与性能优化等。数据库对数字化应用的性能有很大的影响，除了厂商提供的最佳实践，市面上的数据库课程也一样可以适用到低代码开发领域。

使用开发规范重构应用的过程也是我们学习这些最佳实践的过程。在后续的项目开发中，我们需要尽量遵循这些规范，争取"一次达标"，进一步提升项目的交付效率。

▶▶ 10.2.2 重视版本管理和配置管理

在应用重构的过程中，我们在引入开发规范的同时，还需关注一些基础的软件工程最佳实践。其中排在首位的是版本管理和配置管理，值得我们格外关注并应用于开发工作中。

- 版本管理：不论是创建一个页面，还是修改一段业务逻辑，我们对低代码项目做出的修改都应该纳入版本管理中，通过版本比对和回滚等操作，实现快速排错、回滚错误操作等效果，甚至可以帮助我们避免因为计算机硬盘损坏等意外情况带来的损失。部分低代码平台的版本管理机制是产品内置的，部分平台则需要配合专业的版本管理软件，如 Gitea 等来使用。具体的做法，我们可以参考厂商提供的帮助文档和最佳实践。

- 配置管理（多环境管理）：配置管理是一个较为复杂的概念，我们首先需要引入的是多环境管理机制，将开发环境与生产环境彻底隔离开。这样就可以避免开发时的误操作对正在使用系统的最终用户带来不利影响，更重要的是能降低数据安全风险，避免敏感数据泄露。操作层面，多环境管理会涉及数据库连接管理、配置管理、数据库结构差分同步等多个低代码平台功能和最佳实践，我们建议严格按照厂商提供的帮助文档和最佳实践执行。

即便不涉及协同开发，一个人的项目组也需要尽量按照敏捷式开发的方法论，将项目周期拆解为若干冲刺，定期向业务团队展示开发进展，在上线前就可以征询反馈，及时做出调整，通过降低返工风险，进一步提升项目的交付效率。

10.3 按微型低代码交付团队的标准完成重构

当我们的低代码开发工作发挥出对业务的推动价值，就可以适时向领导层汇报，争取扩大低代码实践规模了。得到领导的认可后，我们需要尽快完成开发方式的转变，从一个人单打独斗，升级为项目小组，让低代码开发工作走上正轨！

▶▶ 10.3.1 人员招聘与培养

与成熟的数字化中心不同，我们的 IT 团队力量比较薄弱，在初期通常无法获得足够的预算来招聘专业软件开发人员。此时，从现有的 IT 团队中抽调对软件开发感兴趣，且有意愿学习低代码开发技术的同事是一个比较现实的选项。根据以往经验，以下岗位人员的转岗通常会更容易一些。

- 项目经理：企业 IT 团队中的项目经理通常承担了业务部门与外包商沟通协作的职责，他们除了对软件开发和项目管理的方法论有清晰的认知外，还具备一定的方案能力。相比于低代码开发能力，方案设计能力的培养周期通常会更长一些。
- ERP 管理员：ERP 管理员的日常工作中会经常与数据库打交道，不论是理解 ERP 系统的数据库设计，还是编写和执行数据修正脚本，都在强化他们的数据库设计与开发能力。在低代码开发过程中，数据库设计是低代码平台服务覆盖的领域，虽然同属于可视化开发体验，但也需要额外的知识学习。此外，数据库脚本编写能力本身也是低代码开发工程师遇到的最常见的编码开发场景，性能优化类工作中绝大多数都是靠数据库编程来实现的。

与编码开发转向低代码开发类似，新人的意愿和职级待遇管理都会直接影响学习低代码技术、使用低代码技术的积极性，最终表现为项目交付能力的差异。所以，我们务必要遵循管理规律，至少做到以下几点：

- 有考核的培训体系：上岗前先培训。充分利用低代码厂商提供的课程或培训资源，帮助转岗员工在相对集中的时间段内完成培训并通过考核。考核的方式包括考取厂商的认证、完成课程或培训配套的"大作业"等。我们不但可以通过考核了解员工的培训成果，更是用这种方式确保新人对低代码开发岗位的认可和适配。
- 面向成果的薪酬机制：做到同工同酬。经过一段过渡时期后，当新人的项目交付能力超过编码开发工程师水平时，应通过职级或奖金等手段，将其薪酬提升到编码开发工程师的水平。这一点在兄弟单位或同行业、同地区其他企业拥有编码开发团队时更为重要。

随着新人培训的顺利完成，单打独斗的 IT 主管终于拥有了一名低代码同行人，"低代码开发小组"就此诞生。

新人加入小组后，IT 主管还需要以先行者的身份"老带新"，为新人提供帮助，包括但不限于解答疑惑、最佳实践推介等。随着新人参与开发的项目成功交付，低代码开发能力也会随之提升。

▶▶ 10.3.2　成立第一个"微型项目组"

随着越来越多数字化应用投入使用，相信更多业务部门领导已经注意到并认可低代码开发小组的价值。很快，更复杂、更高价值的项目需求就会摆上 IT 主管的案头。这是一个将数字化建设的主导权交给业务部门的好机会！

数字化建设的主导权在 IT 部门还是业务部门存在相当大的差异。IT 主导意味着作为 IT 工作最终评判者的业务部门，在数字化建设阶段的参与度较低，容易出现双方对数字化应用的范围、设计和优先级的理解存在差异，工作不到位，最终被领导层认为"有投入没产出"的窘境。为了避免出现这种情况，我们必须要充分鼓励和挖掘业务部门对参与数字化建设的驱动力，让业务来主导，IT 提供支撑。相比于成熟数字化中心可以组织起面向业务团队的开发体验营活动这种"大手笔"不同，我们只能期待业务部门在了解到数字化对他们的价值后，主动发出数字化应用建设请求。

接受到请求后，我们可以主动要求业务部门指派对计算机感兴趣的业务骨干作为联络人，负责前期划定项目范围、流程设计和后期的内部培训，相当于前文中多次提到的业务数字化专家。当然，因为没有受过相关的培训，初次担任联络人的业务人员的需求分析能力会比较欠缺，

IT 主管可以和联络人一起完成走访调研，边干边学。此时，我们的低代码小组中迎来了第一位"需求层"同事，性质上也从一个实体的小组升级为跨部门的虚拟组织，即"微型项目组"。

接下来的发展方向就清晰起来了。

组织上，我们以"促进业务和 IT 协作，加速数字化转型"为抓手，推动领导层成立数字化转型领导委员会，围绕微型项目组将 IT 团队重构为面向项目的数字化中心；团队上，从首个微型项目组的工作中提炼经验，复制出更多项目组，适时推动从项目驱动型低代码交付团队向成长驱动型团队的转型；产出上，在数字化应用开发中形成适合自己团队的最佳实践，满足业务部门提出的更多数字化应用建设需求，甚至使用低代码重建整套核心业务系统，以数字化赋能下更敏捷的姿态，加速组织的转型升级……

微案例 34——江苏省某纺织品电商

该公司是一家家纺电商企业，从夫妻店起步，发展到现在已经有了 1200 多名员工，销售额突破 50 亿元。在起步阶段，公司的 IT 团队力量非常薄弱，主管是从仓储团队转行过来的非计算机专业人员。为了接住直播电商带来的巨大商机，IT 主管主动引入低代码平台自行开发解决了"各仓库发货节点时效查询"问题，取得了该部门非常好的评价，页面如图 10-2 所示。

- 图 10-2 　使用低代码构建的第一个应用，采用类 Excel 的操作体验设计

以此为起点，IT 团队吸纳了另外两名对软件开发感兴趣的同事，组成一个 3 人小组，在将之前项目进行"前后端分离"改造的同时，用三个月的时间，打造了一系列数字化应用，这些应用覆盖售前售后的客服部门、电商运营、仓库人员等多个部门，形成了公司自己的"电商 ERP"。此后，公司通过招聘多名有低代码开发经验的高级低代码工程师扩充队伍，将低代码开

发小组升级为8人的低代码交付团队。现在，公司在圈内小有名气，用最低的成本，把原有工作流程转到线上，包括数据追踪、数据存储、数据分析等，是中小企业实现数字化转型的成功范例。

10.4 小结

千里之行，始于足下。从千方百计完成首个项目交付到组织起第一个微型项目组，从单兵作战到团队冲锋，从零开始组建低代码团队的过程也是我们提升自身技术能力，扩大自身影响力的过程。在这个过程中，我们需要充分了解低代码团队的最佳实践，也要根据实际情况进行裁剪。适合自己的，才是最好的。

10.5 第3部分总结

在第3部分中，我们首先花费了最大篇幅介绍了如何在一个成熟的组织中引入低代码来加速数字化战略落地，其中涉及组织结构变革、数字化战略梳理、低代码产品选型、低代码团队重构等环节的思路与最佳实践。接下来，我们基于成熟组织的实践，裁剪出了一份从零开始组建低代码团队的操作指南，相信会对身处在小微型IT团队的读者有更大的参考价值。

下一章开始，我们将化身为外部信息化服务商，分别从系统集成商和管理咨询服务商的视角看低代码对企业数字化转型的加速效应。

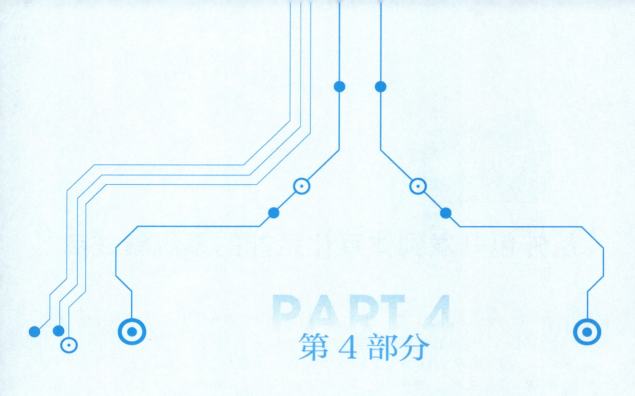

第 4 部分

低代码重构信息化服务模式

低代码技术的应用不但提升了开发团队的项目交付效率，还改变了传统的信息化服务模式。经过数年的探索与实践，部分引入低代码技术的服务商们已经探索出与低代码相匹配的新服务与新模式。

如果您来自信息化服务商，下面的两个案例应该会帮您开阔视野，寻找到业绩增长的第二曲线；如果您来自"甲方"，我们相信这些服务对您的数字化转型也能有所裨益。

第11章

▶▶▶▶▶▶

从外包开发到体系化赋能的系统集成商

本章的案例来自武汉市德发信息技术有限公司，这是一家湖北的 IT 信息系统集成商，公司成立至今已 30 年，主要从事 IT 基础架构的硬件集成。

随着数字经济的蓬勃发展和数字技术的应用普及，企业的信息化投入从基础硬件逐渐转变为以应用软件为主。面对这一变化趋势，集成商必须尽快完成从硬件转型到硬件加软件，从信息系统的基础架构与集成，转型为赋能企业全面完成数字化转型。

那么，德发是如何做的呢？

11.1 将低代码作为业务转型的抓手

面对转型，德发面临的第一个重大选择是继续按照大多数信息化服务商的做法，应用传统的计算机语言和编程框架，组建编码开发团队，选择成熟稳健的方案；还是另辟蹊径，采用逐渐开始流行的低代码平台，组建低代码团队，走出一条创新之路呢？为此，德发的技术团队进行了大量的学习、调研和尝试。

通过研究和试用国内外多种低代码平台，并尝试用各种平台"翻作"自己公司的企业应用，德发深刻感受到，传统的通用计算机语言和编程框架已不再适合为企业提供数字化转型服务。进入 2020 年代，编码交付企业定制化应用的市场竞争非常激烈，新转型进入的公司很难获得竞争优势。据行业内了解，采用传统编码的公司真正实现敏捷开发的并不多，还存在团队组建慢、投入大、服务项目交付效率低等诸多问题。只有采用新技术和新思路，德发才能为客户提供更加高效率、更加敏捷的数字化转型服务，这逐渐成为德发领导层的共识。

▶▶ 11.1.1 差异化的低代码，技术层面的经验积累

作为一个信息化服务商，德发希望在技术选型时先弄明白低代码技术的分类与发展趋势，这样才能给企业客户提供从选型到落地的"一体化服务"。首先，低代码技术根据应用场景和用

户群体不同，分为低代码和零代码，如图 11-1 所示。我们面对的客户大多是企事业单位的 IT 团队，他们在对低代码技术做过初步了解后，通常会倾向于选择零代码。大部分客户有三重考虑，一是希望通过引入零代码让业务人员自己做一些 IT 团队觉得琐碎、价值低的工作，这样可以让自己的工作更聚焦；二是因为同系统其他企业引入了低代码，自己也想跟进，但不希望影响到自己团队的开发工作；三是希望通过引入零代码来迎合"全员开发"的讲法，扩大数字化人才培养的参与人数。但在对比了多种零代码和低代码平台后，德发的技术团队发现零代码虽学习容易、应用搭建快、效率高，但难以应对复杂应用需求，更是难以和各应用做数据集成和能力集成。尤其是对于那些关注数据质量的大型企业来说，零代码对数据的示准化，数字化整体系统的建立、数据管理成熟度的提升都不会有显著的推动作用。所以，从客户长期利益以及德发转型目标的角度出发，德发决定把服务方案的重点放在低代码平台上。

特性描述	零代码 （表单驱动）	低代码 （模型驱动）	编码开发
用户画像	业务人员	技术人员(IT人员/开发人员)*	开发人员
学习门槛低	★ ★ ★ ★ ★	★ ★ ★ ★	★
场景丰富程度	★ ★	★ ★ ★ ★ ★	★ ★ ★ ★
应用搭建速度	★ ★ ★ ★ ★	★ ★ ★ ★	★ ★
业务定制能力	★ ★	★ ★ ★ ★	★ ★ ★ ★
集成扩展能力	★	★ ★ ★ ★ ★	★ ★ ★ ★
系统运营维护	★ ★ ★ ★ ★	★ ★ ★ ★	★ ★
报表BI能力	★ ★ ★	★ ★ ★ ★ ★	★ ★ ★ ★
低成本投入	★ ★ ★ ★ ★	★ ★ ★	★

＊ 业务人员也可以通过计算机和数据库基础知识的学习或培训，转型为技术人员

● 图 11-1　低代码与零代码的技术对比

接下来进入低代码平台的选型验证阶段。目前市场上有大量的低代码平台，然而，大多数低代码平台都是衍生平台，即传统软件厂商在自身专用软件服务上衍生出的低代码平台，例如财务软件的厂商，打造自己的低代码平台用于做二开；BPM 业务流程软件厂商，也有自己的低代码平台，提供给实施人员加速项目交付；BI 厂商、OA 厂商也都有自己的低代码平台。这类低代码平台的共同特点是在各自专业的领域内，开发相关应用时的产品能力非常强，但在突破自己的专业领域，按照客户要求构建其他应用时，立刻就捉襟见肘，比如浪潮的低代码。与之对应，还有一类低代码平台属于原生平台，通用性很强，生来就是专为提高开发人员的编程效率，对应

的复杂应用编程能力全面、平衡，在打造复杂企业应用时，往往都游刃有余，比如工具属性更强的葡萄城低代码。上述两种类型的低代码就构成了德发为客户提供相关服务的技术选项：对于二开需求尝试推荐衍生平台，其他需求优先原生平台。

▶▶ 11.1.2 差异化的服务，支持差异化的客户现状

数字化技术需要跟客户的数字化战略相匹配才能展现出价值。

根据以往的服务经验，发现企业的发展阶段、行业特性和规模不同，IT 应用的深度广度以及所有制的不同，但对数字化转型和 IT 应用需求影响最大的是企业的数字化成熟度。所以，在为客户提供数字化服务时，德发首先会评估数字化成熟度，为客户做一个整体的服务规划。

对于成熟度较低的客户，德发推荐采用项目外包的模式，以项目交付为主，帮助客户打造高效能、高性价比的定制化软件，帮助客户快速提升数字化水平，为提升数字化成熟度打下坚实的技术基础；而对于成熟度较高的客户，德发则推荐将服务的重点放在客户的团队培养上，从"输血到造血"，提升自主维护和开发能力。

两种模式的共同点是必须为企业创造实实在在的价值。简单地说，任何数字化项目都应至少实现以下 5 个目标中的一个：降低成本、提高效率、提升质量、节约能源、加速创新。这也是德发为客户带来的核心价值。

11.2 低代码案例一：项目外包模式

项目外包是一个成熟的商业模式，主要面向数字化成熟度低的客户，以满足客户对特定应用场景的需求为抓手，由点及面，赋能数字化转型。对于外包项目中定制化软件的开发部分，德发均采用低代码方式进行交付。新技术的引入，让德发在与传统软件外包公司相比，在成本、交付周期、后续维护的效率，以及用户满意度等方面都具有相当的优势。

接下来我们以一家工程服务型国企为例，展示低代码技术是如何融入这种模式，并因此获益的。

▶▶ 11.2.1 从团队和技术出发，识别客户的数字化成熟度

前期调研发现，该客户的员工人数有 300 多人，使用了集团下发的财务软件、OA 软件和其他一些上级部门下发的专用软件。这些软件之间的数据基本没有互通，企业各部门之间的流程也未打通。许多工作仍然要靠纸质单据传递和 Excel 表汇总，导致每个总结计划的阶段，相关部门都非常繁忙，还常出现数据不准确和不一致的现象。

这一问题得到了客户高层的重视，制定了初步的数字化转型战略，希望让公司的核心生产

全过程真正实现线上化，用数据支撑业务决策。但客户的软件开发能力严重不足，全职数字化专业人员偏少（只有一名专职的信息化人员，剩下基本都是兼职人员）；管理流程的梳理优化有很大的提升空间，缺乏明确的变革管理组织与相关机制来支撑。

值得一提的是，该客户曾聘请了一家传统软件公司承包该业务系统的开发工作，由于"开发交付赶不上需求变化"等原因，上线失败。因此，该公司选择合作伙伴非常慎重。经过与客户各层级人员的深入沟通，通过反复呈现公司赋能数字化转型的理念、案例和低代码的敏捷方法论，终于得到客户的认可，德发以该项目为抓手，深入参与客户的数字化转型。

▶▶ 11.2.2　脚踏实地，突破关键应用，以快速提升数字化水平

德发组织项目组深入客户现场，与高层及相关业务人员进行了广泛细致的深入交流，调查了解整个企业业务的实际情况，发现该企业核心痛点是较为典型的数据孤岛问题。客户的核心业务部门都在使用上级集团下发的对应业务软件，形成了条块分割。在数据管理层面看，各部门是分开管理的，各自填报了大量数据、各自管理了大量流程。这些独立的数据和流程，导致领导决策和公司运作需要数据时要靠人工从不同系统里获取，再用 Excel 表汇总，最终成为卡住客户数字化转型的瓶颈。所以，德发将项目定位成统一化的业务项目管控平台。从核心应用出发，平台将打通、规范和优化整个公司从项目接单到项目验收、客户回款的全部流程，实现部门之间高效协同，提升领导指挥、运营业务的效率，使各项管理工作决策更加及时、准确。项目的范围和效果已经达到，甚至超越了客户预期，随即进入实施阶段。

基于客户的预算，德发对该项目进行了整体规划，并拿出了详细计划。首先，项目组和客户明确了采用低代码技术，与客户组成融合项目团队（客户安排对接人，和德发沟通确认项目范围）共同开发的思路，应用敏捷开发的方法，把整个项目初步分为三期，每六个月上线一期。前两期中，德发关注功能的实现（图 11-2 的上半部分和下半部分分别为一期和二期工程），第三期则重点放在优化体验。这种逐步迭代、及时上线的做法，能尽快让客户感受数字化成果，更符合客户的期待。在项目投入使用后，德发再进一步迭代完善，从而持续提升系统的价值和用户使用体验。

多终端意味着更复杂的技术栈，开发团队需要安排专人负责移动端开发，尤其是涉及 PDA 等需要接入终端硬件能力的，甚至需要具备 Android 原生开发人员，成本较高。这就导致大量预算有限的中小型企业无法真正享受到多终端时代的便利。在引入低代码技术后，多终端的开发效率得到了显著提升，这个业务项目管理平台也乘上东风，具备了多终端体验，架构如图 11-3 所示。

经过一年多的努力，项目圆满完成，实现了企业核心业务全流程线上化，让企业在数字化转型的道路上迈出了坚实的一步。与此同时，每期项目均做到了上线验收合格，都在当年收到了回款。

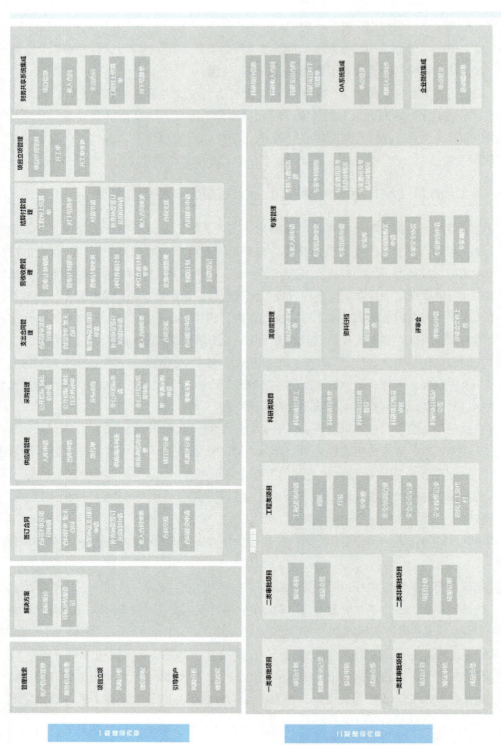

● 图11-2 工程服务企业的业务项目管理平台分期

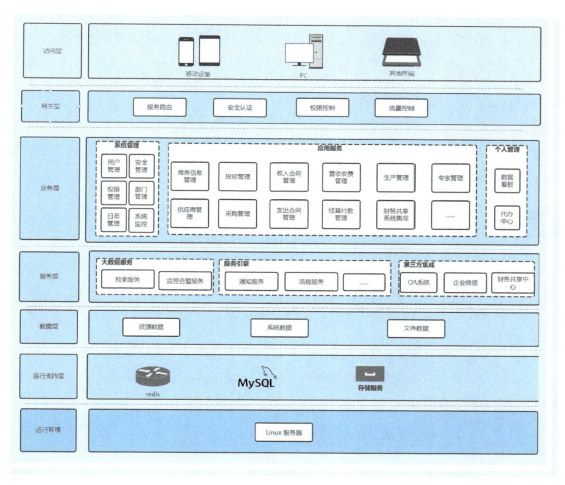

● 图 11-3　工程服务企业的业务项目管理平台分层

▶▶ 11.2.3　低代码在项目外包中展现出的生产力优势

基于德发的项目经验，软件外包项目可以充分展现低代码的独特生产力优势。主要体现在以下三点：

- 敏捷开发：低代码搭建页面和逻辑的效率都很高，修改调整也非常方便。在整个开发过程中，项目组每周都会在融合团队的机制下，与客户和直接用户确认调整需求，完善改进细节。当最终系统测试上线后，修改返工的工作就很少了。由于完善改进迭代贯穿整个开发过程，验收反而变得轻松简单，客户和最终用户也都非常满意最后的交付结果。
- 全栈开发：由于低代码平台为前后端均提供了可视化开发能力，让同一个开发人员可以兼顾前后端，省去了前后端的协同开发与调试，让项目经理、产品经理、开发工程师的交流更加及时通畅，确保每两周的冲刺都能顺利完成，进一步放大敏捷开发的优势。

- 技术封装：由于低代码平台具备一定的软件集成能力和多终端程序开发能力，能显著降低项目中需要的集成开发、多终端开发工作的难度和工作量，这也是能够按时完成项目开发进度的一个重要原因。

总之，正是由于采用了低代码开发的模式，德发的定制化软件团队在客户争取、业务竞争、实施过程和最终测试上线的全过程中都取得了令人满意的结果。从另一方面讲，如果没有低代码的加持，类似项目德发很难获取，更难在预算内完成交付。

11.3 低代码案例二：体系化赋能模式

伴随着数字经济的发展，国家提出以数字化转型驱动生产方式的变革。一些发展快、效益好的企业，数字化转型日渐深入。数字化战略从解决具体的业务场景，升级到实现企业全员、全部门、全业务以及数字化项目的全生命周期覆盖，让企业通过信息化、数字化、自动化，最终实现智能化的目标。

进入这一阶段，项目外包不是这些客户关注的重点。如何提升开发团队的交付能力，打造业务团队的需求凝练能力？这需要低代码技术作为抓手，也需要体系化赋能才能真正落地，而这些是德发为客户提供的新服务。

▶▶ 11.3.1 高成熟度企业的诉求集中在"自主可控"

本节的案例是德发服务的一家国营中型制造型企业，具有相当强的代表性。该客户已经完成了数据集成共享平台、ERP、MES、WMS、TMS 等应用系统的建设，主要业务部门的信息化建设和部分场景的自动化建设，具有较为健全、长期的数字化和智能制造转型战略。为了进一步提升企业的数字化水平，客户还邀请了专业咨询机构提升数字化建设规范化，涵盖企业架构设计、主数据管理体系、应用软件 UI 标准规范等。

然而，在进一步推进数字化和智能化的过程中，客户也发现了诸多的痛点，分析后发现，瓶颈集中在应用软件开发环节。客户现有应用软件大多是采用市场采购的成品软件或请外包公司开发的定制化软件，开发运维成本投入大、建设和迭代升级周期长，难以跟随市场和内部环境的变化及时调整。这种模式在新形势下已经无法支撑进一步的数字化转型，客户决定要转变建设方案，从依赖外部为主，切换为自身信息化部门主导，实现数字化建设的自主可控，最终达成集团提出的数字化战略重心，"全员数字化"的目标。

作为系统集成商，面对客户的自主可控需求时，该如何找准自己的定位？德发选择将体系化赋能作为抓手，快速提升客户的自主化建设能力，从外包商转型为培训服务商。

▶▶ 11.3.2　着眼长期发展，分阶段实现全员数字化

回到案例，德发与客户就"打造软件开发团队专注于敏态数字化应用自主开发"的赋能方案达成了共识。

敏态数字化应用脱胎于敏态 IT，这个概念是权威行研机构提出的，源于对企业信息化场景的聚类分析。在一定程度上讲，企业数字化可以拆解为若干个相互独立的应用场景，这些场景对软件的要求存在差异，在确保数据互通的前提下，企业可以采用不同的方式采购或开发这些软件，以达到降低信息化总体成本的目的。所以，分析师将企业的软件需求划分为三大类：

- 通用的系统，即客户知道自己需要什么样的系统，它与其他企业的系统没有什么不一样。比如财务管理系统，每个企业都差不多，可以采用买来的系统；
- 差异化的系统，即客户知道自己需要什么样的系统，它与其他企业的系统是有差异的，是实现企业差异化优势的系统。通常体现为通用系统上加一个外挂，或者定制开发的软件；
- 创新的系统，即客户不知道自己要的系统是什么样，但是仍需要进行探索和创新。这种通常是软件的盲区，因为传统的软件开发方式很难在有限的预算内满足这种探索的要求。

上述三种类型的系统体现了完全不同需求的逻辑。越倾向于通用系统，对成本和风险的关注程度就越高；而越倾向于创新的系统，对交付速度的要求就越占上风。为此，分析师提出了一个专门的概念——"双模 IT"，即稳态 IT 和敏态 IT，适配不同的系统需求，如图 11-4 所示。

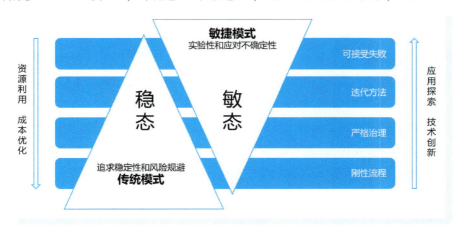

● 图 11-4　稳态 IT 与敏态 IT

- 传统 IT 模式（稳态 IT）：强调稳定性，以满足企业业务稳态发展的需求，主要应用于

"通用的系统"；

- 敏态 IT 模式（敏态 IT）：强调敏捷性，以达到企业业务快速响应市场的需求，主要应用于"差异化的系统"和"创新的系统"。

对于以本节中的客户为代表的高数字化成熟企业来说，稳态 IT 的应用场景都已经实现了平稳运行，工作的重点几乎全部属于敏态 IT 的适用范围，所以围绕着敏态 IT 方法论构建赋能方案是德发的优先选型。

要帮助客户建立敏态 IT 开发能力，第一步就是选择开发平台，因为传统编码开发的效能已经很难满足此类客户对敏态的要求（主要是成本不允许）。事实上，德发与该客户能够建立合作的机缘，就在于客户也选中了德发有较多项目成功经验的活字格低代码平台作为全员数字化的工具。在与客户 IT 负责人沟通过程中，项目组成员深刻感受到其对低代码所蕴含的"成果导向和成本导向"思想，以及平台强大功能、生态系统的高度认同。

选定工具后，德发还需要为不同的人员设计不同的课程与培训服务。在这一环节中，项目组与客户一道对企业进行数字化人才盘点。盘点的目标是将全体员工分类，分阶段通过培训、实验、实战三步走，最终筛选出哪些员工可以直接通过转岗充实到数字化部门，哪些能成为"数字化专家"参与需求调研，哪些只是数字化应用的使用者。确保人尽其用，全员都能以不同的方式参与到数字化和智能制造中去。最终，依据员工的现行岗位，结合数字化技术基础、"三步走"中展现出的学习意愿与能力，项目组把员工分为三大团队，分别为主导团队、共建团队、使用团队。主导团队是一个虚拟组织，由数字化部门和业务部门领导组成，承担领导责任；共建团队由数字化部门的专业技术人员、数字化专家（各部门学习能力强、对本部门业务有深刻理解的骨干员工）组成，负责数字化应用的开发与交付；使用团队则由其他剩余员工组成。

接下来进入赋能阶段。第一个阶段，德发将重点放在主导团队身上，项目组安排老师对主导团队进行强化培训、实战训练，凝聚数字化支撑业务发展的共识，了解基本概念与方法。第二个阶段是赋能的重点，项目组的主要培训对象是共建团队，主导团队也作为辅导员参与部分培训，目标是让受训人员具备基本的低代码开发能力，并借此加深对数字化建设中涉及的技术概念和能力边界的理解，最终打造出更强的软件交付能力。第三个阶段的主要对象是使用团队，这一部分主要由客户内部人员完成，以数字化应用为抓手，让受训人员能够熟练使用这些应用软件，了解软件设计的思路，能够为应用软件的迭代升级提出建议，向共建团队提出更多新想法、新需求，现场如图 11-5 所示。

经过三个阶段的赋能，伴随着越来越多的企业应用上线，客户的全体员工都能够真正感受到数字化和智能制造对企业发展带来的价值，而这份参与感、获得感也会转换为推动数字化转型进一步深入的内生动力，形成自激励的闭环。

● 图 11-5　德发为客户提供的培训服务，课间答疑环节照片

▶▶ 11.3.3　从"我做你看"到"你做我看"的沉浸式培训

作为三阶段赋能的核心，共建团队的交付能力培养是整个体系化赋能工作中的重点。我们在接受计算机教育的时候，课本上讲软件交付能力包含三个方面：软件技术架构及程序编码能力；用户领域需求转换和建模能力，也称为方案能力；软件团队和开发过程的管理能力，也称项目管理能力。在国家软考最高级别考试中，这三项能力也是独立的，分别是：软件架构师、需求分析师和信息系统项目管理师。然而进入低代码时代后，为了降低成本，开发团队引入了"成本导向"的管理思想，呈现出显著的微型化趋势，我们期望通过一人身兼数职的方式，让 2-3 人组成的微型项目组具备三方面的能力。那么，该如何做呢？

基于客户的开发团队中专业技术人员匮乏，新转岗员工技术基础差等特点，项目组采用了理论学习与实际项目相结合的沉浸式培训模式，把能力提升分为三个步骤。

第一步"我做你看"，主要目标是建立系统开发规范、打造开发环境、建立样板项目。首先，以德发的交付团队为主，企业共建团队的学员为辅，组建了融合团队。同时，将客户的主数据标准、软件开发 UI 标准和软件系统接口标准与低代码平台的特点进行融合，项目组整理并发布了低代码数据开发标准、UI 标准、集成接口标准，完成了低代码平台与企业数据平台、企业消息平台、企业微信的集成。准备工作完成后，项目组用学习培训、观摩动手的方式，和学员一起依据敏捷开发的原则，从需求调研到方案设计再到开发部署，完成三个样板项目的交付工作。这三个项目分别是绩效管理系统、在线审计系统、纪检线上反馈系统。在客户提供众多需求场景中选择这些项目的主要原因，是技术复杂度适中、功能有一定代表性，将它们作为样板可以帮助学员降低进入下一步的门槛。

第二步"老师学员一起做"，目标是复制推广第一步的成果和经验，深化培训内容。按照第一阶段的规范和样板案例，以学员为主，德发为辅，开发了考试系统（页面如图11-6所示）、营销规范服务平台、会议管理系统三个应用。第二步的三个项目中几乎所有功能都能在第一步的三个系统中找到类似的蓝本，却并不完全相同，对于学员来说难度适中，可行性颇高。通过前两个步骤的理论操作培训、项目开发实践和实际效果宣传，学员的项目交付能力得到显著提升的同时，更重要的是点燃了学员学习数字化技术、参与数字化项目的热情。

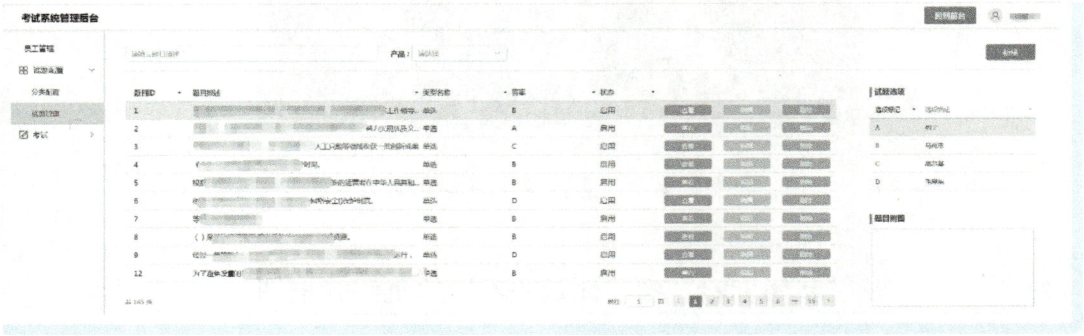

● 图 11-6　学员在德发指导下开发的考试系统截屏

第三步"你做我看"，项目组与主导团队一起，借势发起了数字化创新大赛，把学员分为五个组，分别使用低代码平台开发项目参赛。在整个大赛过程中，全部开发工作均需要由学员完成，我们仅提供指导。从提交的作品上看，学员真正学以致用，充分利用第一步和第二步学习的理论和实践知识，大家以不同的角色组成项目组，深入结合企业运营管理实践，圆满完成了各自的项目。五个组的参赛项目在经过优化后全部上线投入使用，在企业运营和管理中发挥了重要作用。

通过上述三步，客户在收获了一系列开发规范、低代码基础设施和十余个数字化应用的同时，打造出了一支具有一定自主开发能力的数字化应用共建团队，为企业全员数字化长期发展奠定了坚实的基础。

▶▶ 11. 3. 4　**全员数字化为企业 IT 带来的新气象**

通过复盘发现，在为客户提供赋能的进程中，德发始终把敏态应用软件开发能力的建立和知识转移作为解决客户当下投入大、响应慢、周期长、缺乏自主可控等痛点的关键，取得了成功。截至 2024 年底，德发和该客户的共建团队已经联合开发交付了包括组织绩效管理、审计发现问题整改管理、码上纠风、资产管理、考试系统、营销规范服务平台、急小零散行政维修管理、设备停机数据分析模型、动力能管设备运行数据分析模型等近 20 个大大小小的软件应用。

这些新开发的应用全部置于整体的企业架构之中，与企业战略和过往成熟稳态系统融为一体。贯彻执行客户的各种 IT 技术标准，有效地与成熟稳态系统进行集成，打通连接共享数据，避免形成新的数据孤岛。经过内部推广，这些"源于员工、用于员工"的应用正在改变客户所有员工的数字化体验，将"全员数字化"向前推进了一大步。

11.4 小结

企业数字化转型的浪潮一浪高过一浪，各类数字化技术和服务模式创新层出不穷。从三年前引入低代码技术至今，为各类客户提供数字化服务的实践，让德发深刻地体会到，低代码开发平台技术已成为系统集成商服务企业数字化转型的利器。

然而，数字化转型只有起点没有终点。随着社会的进步、行业的变化、数字技术的飞速发展，对于甲方客户而言，既存在无限的机遇，也将面临巨大的挑战。另一方面，数字化技术的广度越来越宽泛，深度越来越精深，对服务商们也提出了更高的要求。但我们相信有了低代码技术的加持，会有更多像德发一样的服务商，找准市场定位，放大自身优势，在服务客户的过程中持续创造价值。

第12章

从管理咨询到数字化转型服务的咨询公司

本章的案例来自重庆智迅云数字科技有限公司，这是一家精益数字化咨询与落地服务商，主要服务于中小型制造企业的数字化转型。

管理软件是固化的管理经验，一句话讲清了企业数字化应用与管理咨询的关系。在定制化程度高的精益数字化领域，表现尤为明显。智迅云发现，精益数字化咨询项目的有效推进，概括起来靠的是两个关键能力，一是创造价值的能力，二是改变人的能力。前者需要靠精益数字化全生命周期落地方法论来实施；而后者，则需要用到低代码等新一代软件开发技术将指标管理办法落地，确保数字化成果能够真正融入企业，让利益干系人广泛接受并应用。

下面我们将从精益数字化的挑战、精益数字化方法论和低代码融入精益数字化落地这三个方面回顾智迅云在中小企业实施数字化咨询项目的实战经验。

12.1 中小企业精益数字化落地的挑战集中在技术之外

经过数年的项目沉淀，智迅云将中小企业精益数字化落地的核心挑战概括为管理标准化程度低、忽视内部员工参与、"实体产品思维"严重和预期不匹配四点。这四点在表面上看与数字化技术并没有显而易见的关联性。

1. 管理标准化程度低，数字化项目落地困难

中小企业在管理上往往具有以下三个特征：一是缺乏标准化流程，使得数字化转型的实施变得复杂；二是企业内部各部门之间数据协同度普遍较低，增大了将数字化工具高效地整合到现有企业流程中的难度；三是缺乏统一的数据管理标准，数据的收集和分析也变得困难，限制了企业从数字化转型中获得以基于数据支撑的决策为代表的潜在价值。

为了克服这些挑战，中小企业需要将精益数字化提升为"一把手工程"，建立或优化内部管

理流程，确保流程的标准化和一致性，以便更好地适应数字化工具，让数字化工具发挥出应有的价值。

2. 忽视内部员工参与，难以培养内部数字化转型人才

数字化转型不仅仅是技术的更新，更涉及人才的培养和参与。中小企业往往忽视了业务线上员工，尤其是一线员工在转型过程中的作用，没有充分调动员工的积极性和参与度。一定程度上讲，员工的数字化技能和对新技术的接受程度直接影响转型的成败。

因此，企业需要配合咨询公司，通过培训和教育提升员工的数字素养，同时鼓励员工参与到转型过程中，以确保转型能够顺利进行。从智迅云的经验来看，只有内部培养起来具有数字化转型人才的企业，才能长久地走在数字化转型的正确道路上。数字化转型不怕慢，就怕停，更怕回头。巩固数字化成果要靠内部人才，谋求企业更广泛的数字化转型更要靠数字化人才。

3. "实体产品思维"严重，预算投入难保障

许多中小企业仍然固守传统的"实体产品思维"，急于求成，认为买一套软件按照软件的使用操作就实现了企业的数字化转型，忽视了数字化服务和解决方案的重要性。这种思维模式导致企业在数字化转型上的预算投入不足，难以支持必要的技术升级和人才培养，进一步放大了上一条挑战。

所以，企业需要认识到数字化转型对于提升竞争力和市场适应性的重要性，从而增加对数字化的必要投入，包括资金、时间和人力资源。

4. 企业现状与过高的预期不匹配

企业在数字化转型的过程中，其现状（如技术能力、人才储备、资金投入等）与期望达到的目标之间存在差距，需要企业在战略规划、资源配置、人才培养等方面进行综合考虑和调整，以实现数字化转型的成功。不匹配造成的矛盾通常有如下表现：

- 先进性与适应性的矛盾：企业在数字化建设过程中，经常面临数字化系统是否应该适应企业管理，还是企业管理应该适应系统的争议。行业最佳的软件难以满足业务部门个性化的需求，导致数字化项目无法落地。
- 理想与现实的矛盾：企业在数字化转型中会面临原有业务和新业务之间的平衡问题，如何平衡现在和未来、短期和长期是一个挑战。如果过度转型，企业可能会受到伤害，从而拉大亏损，或者转型之后遭遇增长停滞。
- 数字化转型成本与收益的矛盾：中小企业在数字化转型过程中面临着成本投入大、收益不确定、人员储备少的三层矛盾。数字化转型需要较大的初期投资，但收益可能并不立即显现，这对企业尤其是中小企业来说是一个挑战。

12.2 小步快跑的精益数字化路线图

为了解决精益数字化中遇到的非技术性挑战，从管理学的角度，通常会推荐企业引入咨询公司接受管理咨询服务，在数字化转型前先解决管理上的问题。对于大型企业来说，这种做法有很多成功案例，写成了一本又一本教科书。但是在中小企业中落地时，咨询和数字化之间通常会存在较大的脱节风险。所以，智迅云提出了一套为中小企业优化后的精益数字化方法论。其最大特点就是考虑到各个企业的独特情况，在制定企业精益数字化转型路径图时，逐阶段设立目标、循序渐进推进落地。这样，每个阶段达成对应的目标，一步一个脚印，让数据越来越准确可靠，能支撑起的业务决策越来越多，持续强化企业对数字化的信心。

具体而言，在精益数字化落地全生命周期中，智迅云将以专题的形式开展工作，如计件工资专题，就是帮助客户解决计件工资的数据准确性和及时性问题，强化对生产一线的激励，并以此提升生产效率。这种做法的背景是中小企业对精益数字化的信心普遍不足，智迅云需要将项目进行两轮拆解，才能压缩每一次价值交付的周期。第一轮拆解是将完整的精益项目拆分成若干期，比如一期做工资和报工，二期做销售、采购和库存，三期做计划排产；再将每一期的工作拆解成专题分步实施与交付，比如将工资拆分为计件工资专题和计时工资专题，分别服务于不同的部门。通过这种方式，智迅云通过压缩每次交付的内容，来缩小价值呈现的等待时间。小步快跑，智迅云通过一个又一个"小的胜利"，充分展现精益数字化的经营价值，从而强化客户管理层的信心，为整个项目的顺利进行铺平道路。

麻雀虽小五脏俱全。为了确保价值呈现如期而至，每个专题会被拆解为包含 9 个步骤的闭环。这些步骤脱胎于软件开发生命周期，但将精益咨询融入其中，用数字化应用固化管理经验，规避管理咨询与数字化落地脱节的问题。

1. 现场调研

智迅云选派拥有丰富企业管理咨询经验的项目顾问、数字化应用架构师和骨干低代码开发工程师组成专题项目组，而客户则派出该专题负责人来参与调研。专题负责人通常是与专题相对应的关键业务部门的骨干人员，是业务部门的数字化专家。调研的内容主要集中在业务流程的现状。在调研中，团队需要遵循"三现"主义，即对现场、现实、现物进行确认核实，尤其是到现场收集相关数据，为后期业务流程优化和改善提供数据支撑。

2. 专题方案设计

专题方案设计包含业务方案设计和技术方案设计两部分。业务方案设计也称业务流程改善分析，主要由项目顾问完成。他们基于专题目标和现场调研的差距，结合顾问经验制定出业务流程改善对策，并对精益数字化改善的预期价值进行分析。在这一过程中，项目顾问会基于业务流程改善分析表，以现场会的形式（如图 12-1 所示），与数字化专家和领导层进行反复沟通，结合企业实际组织能力、资源配置能力，模拟推演未来流程图的现场落地可执行性，直至双方达成一致后，才进行后续的流程改善。

● 图 12-1　项目组与企业召开现场会

最终形成的业务流程改善分析表如图 12-2 所示。接下来进入技术设计环节，技术方案设计紧跟业务方案设计，架构师同步设计与之对应的数字化应用，用数据填报、流程审批等技术手段对业务改善方案提供支撑，确保业务流程与数字化深度融合。在技术复杂度高的项目中，低代码

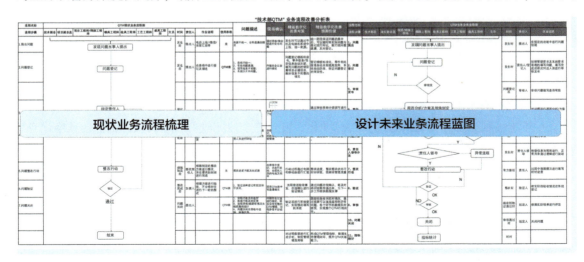

● 图 12-2　专题方案设计的产物，业务流程改善分析表示例

开发人员也要全程参与，以便直观了解企业实际的业务情况，从而降低后期开发过程中的沟通成本。

专题方案是系统的设计蓝图，好比装修设计图纸，直接影响最终方案的成败。通过和客户充分沟通与共识，融入各参与者的建议，让方案变成"客户"的方案，而不是智讯云的方案。这是成功落地的必要条件，也是精益数字化"全员参与"的体现。

3. 流程改善与功能开发

按照确认后的专题方案，专题项目组将开始具体的执行工作。通常情况下，执行会包含两个方面，一方面是业务流程改善，其中不涉及数字化应用的改善项目可以与软件开发时同步执行，为数字化实施做准备。另一方面是数字化应用开发，项目组的技术人员会按照专题方案完成功能开发。

这一步的最大挑战是如何缩短数字化应用的开发周期，让客户能在第一时间拿到与业务流程改造方案匹配的软件。为了实现这一目标，智讯云引入低代码开发平台并重组开发团队，经过多个项目的磨合与实验，相对于传统纯代码开发的模式开发效率的提升幅度已超 70%，和流程改善的节奏匹配度很高。

4. 内部测试

数字化应用在完成功能开发后，低代码开发工程师会按照软件开发标准流程进行内部测试。即按照业务流程的设计要求，导入模拟数据进行功能测试，最大程度减少 Bug 的出现。此外，他们还会验证所开发的用户体验，确保其操作便捷，易于上手。在此期间，项目顾问、架构师会参与到测试的环节中。在必要情况下，业务数字化专家也会同步参与测试，尤其是用户体验设计的验证环节。

5. 现场测试

完成内部测试之后，项目组会将应用交付给数字化专家，并由他组织专题所涉及的人员开展小范围的现场互动测试。互动测试通常会采取模拟运行的方式展开，务求用最低的成本和风险，尽快发现需改进的问题。在此期间，数字化专家会收集和记录现场测试过程中发现的所有问题，反馈给低代码开发工程师进行调整和优化，直到整个业务流程可顺利执行，符合数字化专家及其背后业务部门的预期。至此，数字化应用准备就绪。

6. 试运行

现场测试完成之后，客户会根据专题情况，按产品、车间、区域等方式在企业内进行试运行。如果专题间存在较强的依赖关系无法切分，智讯云则建议客户在相关专题全部准备就绪后，再同步进行试运行工作。试运行阶段大多使用数字化和非数字化并行的方式，即线下纸质记录和线上系统操作同步进行。按照智讯云的经验，在现场测试环节顺利执行的前提下，试运行期间通常设置为一个月。期满后，项目组将纸质记录和线上数据进行核对。在数据相互吻合的情况下，企业就可以将该专题的业务流程改善和配套的数字化应用投入正式运行了。

7. 正式运行

在方案进入正式运行之后，客户会逐步停用原有的线下纸质记录，全面转为线上运行的模式。

8. 验收总结

正式运行一段时间后，项目组和客户一道参照业务流程分析表，对专题的实际运行情况进行评估和总结。标准将会围绕绩效指标，从质量、效率、成本、员工满意度等多个维度进行设计，以确认该专题所取得的成效。

智迅云非常重视专题的总结环节，因为这种总结会包括精益数字化的具体效果和收益，以及对客户整体业务和运营的积极影响，对增强高层领导者和决策者对精益数字化的信心，并促使他们在战略和决策层面更加支持和推动数字化转型有着至关重要的作用。

9. 持续维护

在通过验收后，后期的持续维护依然重要。数字化应用需要持续的维护才能保障其稳定运行，这些维护工作包括服务器管理、数据备份、系统管理、用户日常需求响应等。这一环节虽然技术性较强，但很难得到客户管理层的关注和重视，必须更加重视成本控制。好在智迅云采用的低代码开发平台可以使系统的整个维护过程变得更加敏捷高效。不论是对之前功能的持续优化，还是日常的部署和监控工作，低代码平台都提供了对应的解决方案，为节约维护成本立下汗马功劳。

微案例35——贵州省某矿业加工企业

客户是贵州省一家民营科技型磷化工企业，主营磷矿开发和磷资源精深加工，先后被评为"国家高新技术企业""中国磷化工行业十强""国家级'绿色工厂'"，并于 2017 年在深圳证券交易所上市。企业所使用的软件系统众多，各系统之间数据孤立没有互联互通，很难进行统计分析，阻碍了企业进一步数字化的步伐。

在项目实施过程中，智迅云运用精益数字化方法论，充分调研了现场各个系统的使用情况，尽可能利用了现有系统能力，用低代码工具快速搭建了各个系统之间的数据通道，补全了必要的填报界面和分析报表（如图12-3所示），获得企业上下的一致好评，现在已经进入了第三期的服务。

● 图 12-3　业务流程与用户界面效果

12.3　将低代码融入精益数字化咨询的若干最佳实践

将精益数字化项目拆解为专题，是在管理上压缩价值呈现的等待时间，而在数字化技术上，低代码技术让交付的节奏快上加快。

那么在此基础上，还有哪些实践值得关注？

▶▶ 12.3.1　整体规划，但要找准痛点切入

整体规划是指在进行精益数字化转型时，智迅云会基于现状做统筹规划，识别客户当前的痛点、明确目标状态，以及为达到目标状态的路径与方法，分步骤、分阶段推动持续改善。规划强调的是系统性地考虑客户运营的各个方面，以及各环节之间的相互影响与整合，为客户决策层展现精益数字化的全貌和愿景。

千里之行始于足下，有了整体规划后，还需找出合适的抓手，打响第一枪。智迅云倾向于帮助客户识别并优先解决那些最紧迫和最关键的问题点，即痛点。这些痛点可能是企业运营中的瓶颈、效率低下的环节，也可能是客户满意度低下的领域等。通过聚焦这些痛点，智迅云可以更有针对性地设计专题，实现局部的改善。痛点切入强调的是找到真正的问题和需求。最理想的情

况是，从一个小的痛点出发，实现最快速的改进和最大化的转型价值呈现。

▶▶ 12.3.2 指标驱动，数据可视化先行

在精益数字化咨询与方案实施过程中，项目组常遭遇非技术性阻力，如业务人员的不信任和操作员工的不理解。传统方法是花大量时间进行沟通，以确保所有相关人员充分接受基于精益思想的新方法，然后才能推动项目进展。这显然与小步快跑的方向相违背，之前很多项目就是在这个过程中停滞或放弃的。

近期的成功实践表明，客户通过口头或纸质文件下达和追踪任务确实难以说服年轻一代的业务人员。相反，基于真实数据的"证据"更能引起关键业务人员的关注，所以，智迅云倾向于通过低代码平台的数据可视化功能，构建大屏来展示相关数据，让数据为精益证明。

微案例 36——重庆某传统制造企业

客户是重庆一家制造企业，从事注塑生产，聘请智迅云为其实施精益数字化转型项目。在初期，项目组发现客户决策者和一线员工对数字化技术存在一些偏见，不相信数字化技术真的可以做到支持决策的程度。为此，智迅云在 OEE 专题的设计中，除了在注塑机上安装数据采集设备，实时收集设备运行电流和产出数据，经后台算法处理后形成报表外，同步设计了数据可视化大屏，实时展示各机台的利用率、能耗使用率和计划产出达成率。

这样，坐在办公室的决策者能够全面了解工厂的生产状况，精确识别影响生产节奏的机台，而一线人员也能通过图 12-4 所示的那种悬挂在车间的大屏有针对性地查找和解决问题。更重要的是，实时、准确的数据呈现在他们的面前，就是对精益数字化项目最好的背书，生产环节真的能够做到数字化，数字化真的能够帮助他们做好生产工作。

• 图 12-4 安装在生产车间的数据可视化大屏

▶▶ 12.3.3　借力低代码，培养企业内生力量

数字化转型并发一蹴而就。智迅云和德发都认为，长期来看，企业必须培养自己的教员，不应过分依赖外部专家。所以，从业务角度上看，企业内部的数字化专家需要具备全局视野，理解业务部门间的相互依存和作用关系，并将这些理念传达给各级业务人员和基层员工，持续提升对数字化需求的发现和提炼能力；从技术角度出发，即便是中小企业也需要建立自己的数字化中心和微型低代码团队，以便根据业务需求快速调整和开发数字化应用，确保咨询公司离场后也能具备完整的精益数字化专题的设计和实施能力。

大量实践表明，即使是非 IT 背景的员工，只要有意愿，通过基础培训后，也能参与低代码应用的维护和简单应用的开发。低代码技术的出现大大降低了中小企业打造自主数字化应用交付团队的门槛，给了他们更大的空间来培养和实践数字化创新能力，持续推动企业数字化转型升级。

12.4　小结

智迅云的成功经验表明，管理咨询不是大企业的专享。在中小企业市场，结合了低代码数字化应用交付的精益数字化咨询比传统咨询更具优势，可有效规避耗时较长、咨询报告难以落地、因为环境和人才等原因导致理论与实际脱节等问题。

数字化转型从来都不是数字化技术的独角戏，管理科学与计算机科学携手，才能让这一过程走得更稳、行得更远。如何将两者紧密结合，赋能到我国众多的中小企业？重视中小企业的管理挑战，为之匹配高生产力的低代码技术和优化后的实施闭环，充分发挥企业内部人员的主观能动性等，智迅云向我们展示他们的实践过程与成果。我们有理由相信，会有更多的咨询公司下沉到中小企业市场，为其提供"接地气"的咨询与落地服务，帮助他们快速完成数字化转型升级，也会有更多咨询公司从中吸取成功经验，优化面向大企业的咨询服务项目，打造并强化自身的差异化竞争力。

低代码加管理咨询，大有可为！

12.5　第 4 部分总结

在第 4 部分中，我们通过两个典型案例展示了低代码技术如何实现信息化服务模式。低代码不仅提升了开发团队的交付效率，还在更高层面上推动了信息化服务的业务升级。无论是系统

集成商、管理咨询机构，还是其他信息化服务提供商，低代码都为其拓展服务边界、增强业务价值提供了新的机遇。对于"甲方"企业而言，这些创新模式的落地，为加速自身数字化转型提供了更多可能性。

至此。本书已系统探讨了低代码技术的原理、价值、应用、组织落地及产业影响。希望这些内容能为读者的实践提供借鉴，助力读者在数字化浪潮中抢占先机。

后　记

首先，非常感谢您读到这里。

我是本书的作者之一，在西安葡萄城软件有限公司担任低代码产业研究总监，兼中国信通院低代码无代码推进中心技术专家，2018 年起从事低代码的技术与应用研究工作。本书汇编了以活字格低代码平台为代表的国内低代码成功实践。在此，我代表本书作者，对低代码平台的所有构建者、开发者、服务者和推广者们表示感谢，正是他们的努力，让这项诞生于 2010 年的技术快速普及，走进千千万万的开发团队，在数字中国建设中爆发出惊人的生产力。

在过去的数年中，我亲身调研过的低代码成功案例已有数百个，提笔时就已浮现在眼前。不同的行业、不同的成熟度、不同的管理风格，这些组织的数字化转型升级之路注定千差万别。如何在其中抽象出共性，展现低代码技术如何为他们提供帮助，是我在编写本书时遇到的最大障碍。从哪里入手？理论框架、实战案例还是个人观察？想法几经变化，内容也重写了多轮。最终，我选择将"低代码路线图"作为全书的重点，融合管理知识、技术特色、微案例与最佳实践，希望帮助读者串起低代码和数字化转型的主要脉络，在低代码技术倡导的成果导向与成本导向的原则下，展开最适合自己的低代码实践。另外，低代码与数字化转型包含的信息非常广泛，作者水平有限，难免有些观点与认识会有所不足，敬请谅解与指正。如果您对本书中的内容有任何建议或意见，或者在低代码技术落地中有经验或教训希望和我分享，欢迎致信 will.ning@grapecity.com 与我交流。

最后，我想特别感谢为本书的编写贡献素材的朋友，他们是来自武汉市德发信息技术有限公司的乔娟女士和程健先生，来自重庆智迅云数字科技有限公司的周建超先生，以及所有通过参加历届低代码应用大赛或低代码沙龙等活动，与我分享成功案例的朋友们。

愿您和您的组织在数字化转型的浪潮中赢得先机。

宁　伟

2024 年 12 月 27 日于西安